JN084933

は じ め に ○ ○ ○ ○ ○ ○ ○ ○ ○

どうも！　数学教師芸人のタカタ先生です！

僕は、数学教師とお笑い芸人の二刀流「数学教師芸人」として活動しています！

小難しく敬遠されがちな数学の話を、お笑い芸人のノリで面白おかしく授業するのが生業です！

僕は子どもの頃から「数学」と「お笑い」が大好きでした。きっかけは「ドリル」と「ドリフ」！

「将来は『数学教師』か『お笑い芸人』のどちらかになりたいなぁ〜」と思っていたら、「数学教師芸人」になっていました！

現在は、テレビ・YouTube・TikTok・SNS・リアル授業・オンライン授業・書籍などを通して、日々「世界一楽しい算数・数学の授業」を届けています！

さて、この本は、数学教師芸人による「フェルミ推定」の入門書です。

この本を手に取っている人にはいろいろな人がいると思いますし、この本に寄せる期待もさまざまだと思います。

❶就活中で、面接でフェルミ推定が出るので、対策したい！

❷コンサルをやっていて、仕事でフェルミ推定の考え方を使うので、もっと鍛えたい！

❸数字に強い子どもになってほしいので、我が子にフェルミ推定をやらせたい！

❹算数嫌いの我が子が、フェルミ推定を通じて数字や計算に興味を持ってくれれば！

❺タカタ先生の大ファン！　タカタ先生の本ならとりあえず買っちゃう！

僕としては、❺が増え続けることを願ってやまないのですが……実際に❺って何人くらいいるんでしょうね？

2

○ ○ ○ ○ ○ ○ ○ ○ ○ ○ ○ ○ ○ ○ ○ ○

「さっきから何度も出てくる“フェルミ推定”っていったいなんなの？」
と思った読者の皆さん、これを考えるのがまさに「フェルミ推定」です！
　この本を読み終わる頃には、きっとタカタ先生の大ファンの人数も求められるようになっていることでしょう。そして、あなた自身もその仲間入りに!?

　“フェルミ推定”は 現代に生きるすべての人が身につけるべきビジネススキル。そして“フェルミ推定”を極めた人には、一流ビジネスパーソンへの扉が開かれるのです！

　フェルミ推定初心者の人も、ちょっと勉強したけど挫折しちゃった人も、タカタ先生と一緒に“フェルミ推定”をゼロから楽しく学んでいきましょう！

それでは、フェルミ推定の
授業を始めます！

数学教師芸人　タカタ先生

3

目 次

本文デザイン・DTP：浮田雄介　イラスト：田渕正敏　校正：株式会社ぷれす
編集協力：笹木はるか（有限会社ヴュー企画）　編集担当：原智宏（ナツメ出版企画株式会社）

本書の使い方

本編は PART 1 ～ 5 の全 5 章で構成されています。

PART 1：フェルミ推定ってなに？

"フェルミ推定"ってなんなの？ "フェルミ推定"をなぜ学ぶの？ といった基本をおさえていきましょう！

PART 2：基本編　フェルミ推定の解き方を身につけよう
PART 3：応用編　もっと推定するための方法論

"フェルミ推定"ってどうやるの？ 具体的な解き方について、基本と応用に分けて学びます！

PART 4：思考力を鍛えるためのヒント

"フェルミ推定"のコツ＆注意点とは？ 解き方を覚えたタイミングだからこそ、気をつけておきたい注意点を覚えましょう！

PART 5：日常生活でフェルミ推定マスターになる

"フェルミ推定"ってどう鍛えるの？ 実は日常生活にヒントがあふれているんです！ 楽しくトレーニングしましょう！

コラムでは、フェルミ推定以外でも使える「バク速計算術」などもご紹介します！

PART 1
フェルミ推定ってなに？

まずは、問題を解くための下準備。
フェルミ推定とはなんなのか、
どうして注目されているのかといった
基礎知識について学びましょう。

1 地球上に アリは何匹いるか？

一見、突拍子もない問題ですが……

いきなり変なタイトル、と思った人もいるかもしれません。これは、本書で扱う「フェルミ推定」の有名な問題です。

こんな質問をされたら、あなたならなんと答えますか？

①そんなの知らないよ！
②自分で調べて！
③俺、アリの専門家じゃないんだけど……。
④ヤマ勘で、100兆匹！
⑤なんでそんな質問してくるんだ！

軽口を叩けるような、気心の知れた友達からの質問だったら、こうした返しでもいいと思います。すぐに答えようがない質問ですよね。

しかし、もしこの質問を、あなたが内定をもらいたいと強く願っている会社の就職面接で、面接官がしてきたらどうでしょう？

実は、フェルミ推定は企業の採用面接でも出題されることがあります。社会人にとって、必要な思考法が試される問題なのです！

でも面接なら①〜⑤の回答はNGですよね。言い方を変えても……。

①不勉強で、そのデータは持ち合わせていません。
②今からインターネットで検索して調べてもよろしいですか？
③アリの研究をしている友人がいるので、彼に電話で聞いてもよろしいですか？
④特に根拠はないのですが、100兆匹くらいじゃないでしょうか。
⑤ていうか、なんでそんなふざけた質問をしてくるんですか！

……ダメだ！　最後の最後でダムが決壊してしまいました。まあ、仮に言葉づかいを正したところで不採用になりそうです。

> ということは、その会社はアリの専門家を採用したいってこと？もしくは、もの知り博士を企業は求めてるってこと？

　こうした声が聞こえてきそうですが、いいえ、違います！　企業が見ているのは、答えの正確さよりも、その解き方なんです。

　答えがわからない、それどころか求め方すらわからない。そんな問題に対して、**どのような方法で自分なりの答えにたどり着くのか？**　そのアプローチを見ているのです。

　先ほどの①〜⑤の回答からは、以下のような印象を受けます。

①不勉強で、そのデータは持ち合わせていません。
➡すぐ諦める

②今からインターネットで検索して調べてもよろしいですか？
➡安易にネット情報を信じる

④特に根拠はないのですが、100兆匹くらいじゃないでしょうか。
➡知識に乏しく、その場だけ乗り切る

③アリの研究をしている友人がいるので、彼に電話で聞いてもよろしいですか？
➡他人を頼りにする

⑤ていうか、なんでそんなふざけた質問をしてくるんですか！
➡逆ギレする

①や④、⑤は論外ですが、②と③は一見よい姿勢のように感じるかもしれません。インターネットや専門家との人脈を駆使した検索能力が重宝される仕事もあるでしょう。

しかし、検索しても出てこない情報が必要な場合や、専門家が見つからなければお手上げになってしまいます。

また、現代はインターネットやAIがどんどん進化していますので、これからは今以上に誰でも簡単に必要な情報を検索できる世の中になっていくでしょう。

そうなると、企業から見ても②や③のような人を、「絶対に我が社にほしい人材!」とは思わないでしょう。

では「企業が求めている人材」とはいったいどんな人物で、「地球上にアリは何匹いるか?」という質問に対して、どんな回答をすれば、企業のお眼鏡にかなうのでしょうか?

企業が今求めている人材とは?

あらゆる情報が簡単に手に入る現代だからこそ、活躍できる人材。その条件とは、ズバリこちらです!

> **企業が求めている、ビジネスで活躍できる人材**
> =答えがわからない、答えどころか求め方すらわからない問題に対して、皆が納得する論理で、説得力のある答えを導き出すことができる人材

そして、「答えがわからない、答えどころか求め方すらわからない、そんな問題に対して、皆が納得する論理的で説得力のある答えを導き出す手法」。

これこそが、本書のテーマである「フェルミ推定」なのです。

つまり、「地球上にアリは何匹いるか？」という質問に対して、企業のお眼鏡にかなうためには、**フェルミ推定で解答すればよい**のです。

先の見えない現代において、ビジネスという名の戦場を生き抜くために必要不可欠な武器。それこそが「フェルミ推定」なのです！

ここまで聞いて、こう思った人もいるのではないでしょうか。

大げさだな〜！　というか、そもそもフェルミ推定ってなに⁉　あと、アリの質問には具体的にどう答えればいいの⁉

まあまあ、そうあわてずに！

本書を読み進めていけば、フェルミ推定の力と重要性を少しずつ実感していくでしょう。

フェルミ推定の詳しい説明と、アリの質問への具体的な回答には、次のページからしっかりと説明していきます！

2 そもそも 「フェルミ推定」って?

まずは基本知識をおさえよう

それでは、「フェルミ推定」について詳しく説明していきましょう。まずは、言葉の由来について。突然ですが、ここで問題です!

【問題】「フェルミ推定」は、2つの言葉を組み合わせてできた言葉です。正しい組み合わせは次のうちどれ?
①フェルミ・推定　②フェ・ルミ推定　③フ・ェルミ推定

正解はもちろん、**①フェルミ・推定**です!　②フェ・ルミ推定 って、ドン・キホーテ じゃないんだから!　③フ・ェルミ推定 も『レ・ミゼラブル』か! もしくは、『ラ・カンパネラ』か!

「フェルミ」と「推定」からできた言葉ということがわかったところで、それぞれの意味を見ていきましょう。まず、「推定」という言葉を辞書で引くと、このように書いてあります。

すい-てい【推定】
① ある事実を手がかりにして、推し量って決めること。
② 法律で、ある事実または法律関係が明瞭でない場合に、一応一定の状態にあるものとして判断をくだすこと。
③ 統計調査で、ある集団の性質を調べる場合に、その集団から抽出した標本を分析することによって集団全体の性質を判断すること。

※小学館『デジタル大辞泉』より

フェルミ推定における「推定」の意味は①が中心ですが、実は②や③も当てはまっているといえます。

では、「地球上にアリは何匹いるか?」を実際にフェルミ推定しながら見ていきましょう。

① ある事実を手がかりにして、推し量って決める

フェルミ推定の定番の方法として、なにかと比較して数値を求めるやり方があります。

「地球上にアリは何匹いるか?」に対しては、

● 地球の人口 = 約80億人
● 人間1人に対してアリ100匹

と推し量って(推測して)、仮定してみます。

そうすると、アリは人口の100倍。つまり、

アリの数 = 地球の人口(80億人)× 100 = 8000億匹

と求めることができます!

② 法律で、ある事実または法律関係が明瞭でない場合に、一応一定の状態にあるものとして判断をくだす

もちろん、今回は法律の話ではありませんが、アリの数は常に変動していて明瞭ではありません。

それでも、①のように一応一定の状態にあるものと仮定して数値を求めていくのがフェルミ推定です。こうした見方をすると、この意味も当てはまりますね。

③ 統計調査で、ある集団の性質を調べる場合に、その集団から抽出した標本を分析することによって集団全体の性質を判断する

フェルミ推定の定番の解き方として、面積に注目し、単位当たりの量から全体を求める方法があります。

「地球上にアリは何匹いるか?」に対しては、**単位面積(1 m²)に住んでいるアリの数 = 1000 匹** とすると、地球の表面積 = 約5億 km²。
アリが住める面積 = 地球の表面積の 1/10 = 0.5 億 km² = 50 兆 m²

> 1 km² = 100 万 m²

アリの数 = アリが住める面積(50 兆 m²)×単位面積(1 m²)に住んでいるアリの数 = 1000 匹 × 50 兆 m² = **5 京匹**
と、求めることができます。

フェルミ推定では、答えがはっきりしないものを求めます。そのため、答えを構成する要素を「いったん、これ!」と仮定しながら、自分の中にある知識を手がかりにして考えるのです。

詳しい考え方は PART 2 や PART 3 で紹介するので、今はこれだけ覚えておきましょう。

> ①フェルミ推定は、自分が知っている事実を手がかりにする
> ②フェルミ推定は、対象が明瞭でない場合、自分なりに定義する
> ③フェルミ推定は、求めるものの一部を推測し、全体を考える

さて、フェルミ推定 = フェルミ × 推定 でした。
では、謎の言葉「フェルミ」とは、いったいなんなのでしょう?

「フェルミ」のすごすぎるエピソード

それでは、「フェルミ」について問題です!

> 【問題】「フェルミ」とは、いったいなに?
> ① 推定が得意だった人物の名前
> ② 推定するときに使うペンの名前
> ③「教えて〜!」の英語訳

　いやいや!　ペンの名前 は「フェルミペン」じゃなくて「フェルトペン」ね!　あとフェルミ推定専用のペンなんてないですよ!
　それから、③「教えて〜!」の英訳 は、「フェルミ」じゃなくて「テルミー(tell me)」ね!　「教えて〜!」って、自分で推定する気ゼロだし!

　ということで、正解は①推定が得意だった人物の名前です!
　その人物とは、ノーベル物理学賞の受賞者でもある、天才物理学者エンリコ・フェルミです。彼は推定の天才でした。

　こんなエピソードがあります。原子爆弾の開発者の1人でもあったフェルミ。これまでの爆弾をはるかにしのぐ威力が期待された爆弾の爆破実験の際に、フェルミの類(たぐい)まれなる推定力が発揮されました。彼は、爆破の威力を驚きの方法で推定したのですが、ここでまたまた問題です!

①イタリア・ローマ出身

②ノーベル物理学賞受賞
(1938 年)

③世界初の
　原子炉の
　運転に成功

④おおよその値を
　計算する「概算」
　の達人

エンリコ・フェルミ
(1901 〜 1954 年)

【問題】フェルミはどうやって原子爆弾の威力を推定した？
 ① ビルをぶっ壊した
 ② 山をぶっつぶした
 ③ ティッシュをぶっ飛ばした

　いやいや、②山をぶっつぶした って、やりすぎでしょ！
　逆に、③ティッシュをぶっ飛ばした って、どんだけ飛ばす気!?
　正解はもちろん、①ビルをぶっ壊した……と思いきや、なんと③ティッシュをぶっ飛ばしたなのです！

　実験のとき、爆破地点から遠く離れた安全な場所にいたフェルミ。彼は爆破と同時にティッシュを宙にふわっと投げ、爆風によって動くティッシュを観測しました。
　爆破後、何秒で爆風がティッシュに届いたか？　爆風によって、ティッシュがどんな速さで動いたか？　こうした観測データをもとに、原子爆弾の威力を計算で求めたと言われています。なんという推定力！

　原子爆弾の威力のような、答えはおろか求め方すらわからない問題に対して、「フェルミ」のように、皆が納得する論理的で説得力のある答えを「推定」し、導き出す手法。これこそが「フェルミ推定」なのです！

細かい計算は必要なし！

　フェルミ推定をするときに常に意識してほしいのが、あくまでも「概算」であるということです。
　考えてもみてください。先ほどの原子爆弾の推定だって、いくら推定の天才フェルミとはいえ、ちゃんとした観測機器を使わずに、ティッシュと目視で観測して手に入れたデータです。そもそものデータ自体の精度は、そこまで高くはないでしょう。
　フェルミが爆破実験で行った推定は、精度の高い推定ではなく、「理論上はだいたい、これくらいの値になるよ」というざっくりとした推定なのです。

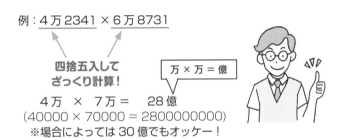

掛け算なら、**左端の数値だけを注意**して、あとは桁数を間違えないよう気をつけるくらいでオッケーです！

たとえば、4万2341 × 6万8731 は4万 × 7万 とざっくり概算して、答えは28億で大丈夫！　場合によっては、答えも四捨五入して30億。これくらいざっくりした計算でいいんです！

例：4万2341 × 6万8731

四捨五入して
ざっくり計算！

万 × 万 = 億

4万　×　7万 =　28億
(40000 × 70000 = 2800000000)
※場合によっては30億でもオッケー！

フェルミ推定は、別名「オーダーエスティメーション」と呼ばれます。「エスティメーション」= 推定、「オーダー」= 物理や工学の世界で使われる桁数のこと。フェルミ推定では、桁数さえ合っていれば、推定成功とします。**推定値が実際の値の1/2倍〜2倍に収まったら、大成功**といえるでしょう。計算が苦手な人は、気が楽になったのではないでしょうか。

先ほど、13 〜 14 ページで、「地球上にアリは何匹いるか？」という問題に対して2つの推定をしました。

①アリの数 = 地球の人口（80億人）× 100倍 = 8000億匹
③アリの数 = アリが住める面積（50兆 m²）× 1 m² に住んでいるアリの数（1000匹）= 5京匹

どちらもざっくり概算していましたね！

ちなみに、「地球上にアリは何匹いるか？」で検索してみると（専門家でもこの推定は難しいらしく、推定値がなかなか定まらないみたいですが）、最新の推定では地球上にアリは2京匹いるとのことです。

①は2京匹の 1/2.5万 なので数値的には推定失敗、③は2京匹の2.5倍なので数値的には推定成功といえます。しかし、**求めた値が正解と近ければよいというわけではない**のです。

3 フェルミ推定に大切なのは説得力！

フェルミ推定で重要視するポイントは？

　フェルミ推定を行うときには注意が必要で、数値的には推定成功でも、求め方に説得力がなければ、よい推定とはいえません。

　逆に、数値的には推定失敗でも、説得力のある求め方ができていれば、よい推定といえる場合もあります。

　解答の正しさは、もちろん正確な値に近いに越したことはありませんが、実はそんなに重要ではありません。

　問題に対して、どのようなアプローチで自分なりの答えにたどり着くのか？　そのアプローチの説得力が重要なのです。

　たとえば、先ほどの ①アリの数 ＝ 地球の人口（80 億人）× 100 倍 ＝ 8000 億匹、この推定の説得力を考えてみましょう。

　地球の人口 ＝ 80 億人は説得力がありますね。多少の誤差はあるとは思いますが、桁が変わるほどズレてはいないはずです。

　しかし、アリの数が人口の 100 倍 というのは根拠がありません。仮に1000 倍や 1 万倍や 10 万倍にしたとしても、そうかもなぁとも思うし、そうじゃないかもなぁとも思いませんか？　今回は、アリの数が人口の何倍かを材料に使った時点で説得力は低かったかもしれません。

　でも、「人口の何倍か」を考えるのが常にダメなわけではありません。たとえば「地球上にある靴は全部で何足？」という問題なら、靴を履くのはほとんど人間ですから、靴の数が人口の何倍かを考えても、説得力のある数値になります。

　靴を履かない人もいますし、所有している靴が何百足もある人もいるとは思いますが、1 人が持っている靴はおそらく 1 ～ 100 足、もっと幅を狭めて 5 ～ 15 足。これくらい大ざっぱに考えてもけっこう説得力があり

ます。

　今回は 5 〜 15 足の間（あいだ）をとって、10 足として解いてみましょう。

靴の数 ＝ 地球の人口（80 億人）× 10 倍 ＝ 800 億足

　この推定は、計算に使った「80 億人」も「10 倍」も説得力があるし、「靴の数 ＝ 地球の人口 × 1 人が所有する靴の数」という求め方も筋が通っています。たとえ答えとズレていたとしても、よい推定といえるでしょう。

　さて、アリの話に戻しましょう。次は、
③ アリの数 ＝ アリが住める面積（50 兆 m²）× 1 m² に住んでいるアリの数（1000 匹）＝ 5 京匹
　この推定の説得力を考えてみましょう。

　まずは、「アリが住める面積 ＝ 50 兆 m²」。これは、数値だけを見ると、あまりに大きすぎて、いまいちピンときませんね。
　そもそも、「アリが住める面積」って？　「地球の、舗装されていない陸地面積」と考えられそうですが、多くの人はそんな数値は知らないですよね。そんな場合は、**自分が知っている知識をフル動員**して舗装されていない陸地面積を求めてみましょう。

　フェルミ推定は、自分の知識を手がかりに推定する方法です。
　皆さんが、地球に関して知っている知識はなんですか？
　もしも世界最大を誇るロシアの面積を知っていれば、その面積の何倍と考えていけば求められそうですね。
　もしも地球の半径を知っていれば、そこから地球の表面積が求められます。そこから海面と陸地の比、舗装されていない陸地面積とそうでない面積の比を考えれば求められそうです。

　僕が地球に関して知っていることは、1 m の基準は最初は地球だったという豆知識。当時、世界中の長さの単位はばらばらで不都合が多かったので、フランスのペリゴールが地球の赤道〜北極点までの距離の 1000 万分の 1 を 1 m と決めて、それが世界共通の長さの単位となったそうです。
　つまり、地球 1 周の 1/4 ＝ 1000 万 m。今回は、ここからアリが住め

19

る面積を求めてみましょう。

地球 1 周の 1/4 ＝ 1000 万 m　ということは、
地球 1 周 ＝ 4000 万 m
地球の直径 × 3.14 ＝ 4000 万 m だから、
地球の直径 ＝ 4000 万 m ÷ 3.14 ≒ 1200 万 m
地球の半径 ＝ 1200 万 m ÷ 2 ＝ 600 万 m
地球の表面積 ＝ 4 × π × 半径 × 半径
　　　　　　　≒ 4 × 3 × 600 万 × 600 万
　　　　　　　計算しやすいように、先に 0 の桁だけ動かして、
　　　　　　　＝ 4 × 3 × 6 × 6 兆 m²
　　　　　　　≒ 400 兆 m²
海：陸 ＝ 3：1 とすると、陸地面積 ＝ 100 兆 m²
土：コンクリート ＝ 1：1 とすると、**アリが住める面積 ＝ 50 兆 m²** と求められました。

　地球の陸地面積までは、そこまで大きなズレはなさそうですし、土：コンクリート の比はあくまで仮定なので、実際のところは土のほうが多いかもしれませんが、桁が違うほどのズレはないと思います。

　このようにアプローチすることで、ただ「50 兆 m²」を使うよりも、説得力のある数値になるのです。
　1 m² に住んでいるアリの数 ＝ 1000 匹 に関しては、正直よくわかりません。桁がズレるくらいの違いが出る可能性もある気がします。
　ただ、①アリの数が人口の 100 倍 よりは、③ 1 m² に住んでいるアリの数 ＝ 1000 匹 のほうが、説得力がありますよね。

　ということで、
　① アリの数 ＝ 地球の人口（80 億人）× 100 倍 ＝ 8000 億匹
　③ アリの数 ＝ アリが住める面積（50 兆 m²）× 1 m² に住んでいるアリの数（1000 匹）＝ 5 京匹
　この 2 つの求め方に関しては、①よりも③のほうが、説得力のあるよい推定といえるわけです。

必要なものは、自分自身が培ってきた経験だけ！

くり返しになりますが、フェルミ推定とは「答えも求め方もわからない問題に対して、みんなが納得する論理で、説得力のある答えを導き出す手法」です。推定ですから、「解答の精密さ」は一切必要ありません。「ざっくり概算」でオッケーです。

さらに、推定のよさを決めるのは「解答の正しさ」ではなく「アプローチの説得力」！　もう少し詳しくいえば、「答えを導き出す式の説得力」と「その式に代入する数値の説得力」なのです。

以上をまとめると、「説得力のある式」に「説得力のある数値」を代入し「概算」で推定値を求める、これが「よいフェルミ推定」です。

ここまで読んで、こう思った人がいるかもしれません。

なるほど〜！　「説得力のある式」や「説得力のある数値」が大事ってことか！ということは、さまざまな「公式」や「数値」をいっぱい覚えたほうがいいの？

いいえ、違います！　「公式」に関しては、小学校で習う「四則演算」と「比」と「概算」の考え方があれば対応可能です。

正確な「数値」は、もちろんたくさん知っていればそれだけ数値の説得力が上がりますから、有利なのは間違いありません。でも、知らなくてもよいフェルミ推定はできます。

むしろ、知らないときこそ腕の見せどころです！
いかに「自分の知っている数値」から、「目的の数値」を導き出すか。そして、その数値に説得力を与えられるか。これこそがフェルミ推定の醍醐味。

自らが持つ知恵と知識、経験をフル動員して説得力のある推定値を手繰り寄せる、まさにフェルミ推定は「知の総合格闘技」なのです！

4 フェルミ推定で 地頭力がわかる？

フェルミ推定を "解かせる" ことで見えてくるもの

さて、最初に「地球上にアリは何匹いると思いますか？」といった質問が、企業の就職面接にも登場するとお話ししました。

本書を読む前のあなただったら、「どうして面接でこんなヘンテコな質問されなきゃいけないの!?」と心の中で叫んでいたかもしれませんね。

でも、ここまで読んだあなたなら、
① どういう意図でこんな質問をしたのか？
② どういう答えを望んでいるのか？
といったことが少しずつわかってきたのではないでしょうか。

あらためて、フェルミ推定を通して見えてくるものについて、1つずつ考察してみましょう。

① どういう意図でこんな質問をしたのか？

「地球上にアリは何匹いると思いますか？」という質問は、多くの人にとっては「答えどころか求め方すらわからない」ですよね。そんな問題に対して、自分なりのアプローチで答えを導き出すことができる。これこそが先の見えない現代において、企業が求めている人材なのです。

先ほどの回答例を思い出せば、用いる知識や解き方によって回答が変わりましたよね。正解がわからない中で、自分の持っている知識で、相手の納得できる答えを論理的に組み上げていく……これができる人は、いわゆる「地頭のいい」人です。

つまり、企業はこの一見無理難題な問いに、目の前の若者がどう挑んでいくかを通して、さまざまな力を推し量ろうとしているのです。

問題を要素分解する力、問題を解決するためのやり方を創造する力、自らの知識や経験から説得力のある数値を決定する力、自らの答えを論理的に説明して周りを説得する力……さまざまな力が、あなたの回答で明らかになるのです！

　では、この無理難題にどう答えればよいのでしょう？

② どういう答えを望んでいるのか？

　くり返しになりますが、解答の正しさや精密さは望んでいません！
　フェルミ推定で問われるのは、答えも求め方もわからない無理難題。実際にアリの総数は、専門家でも答えが割れる、超難問です。
　僕たちがやるのはざっくり概算ですから、一番大事なのは桁数、次に大事なのは一番大きい桁の数字。それ以外の桁の数字は無視しちゃうくらいの精度でオッケーなのです。

　そして、特に面接試験の場合はたいてい**制限時間**があります。時間内に答えを出すのはマスト。企業によっては、短い制限時間で求めさせたり、暗算で求めさせたりする場合もあります。
　与えられた条件の中で、どれだけパフォーマンスを発揮するかは、当然見られているでしょう。

　さらに、問題に取り組む姿勢も実は重要。答えや求め方を知っていれば、前のめりに取り組むものです。
　しかし、答えどころか求め方も見当がつかない難問に対しては、戸惑ったり消極的になったりしてしまうでしょう。
　この若者は、どんな困難にも積極的に取り組むことができるのか？　そうした姿勢も見られています。

　そして、僕が最も重要だと思うのは、先ほど 10 ページで紹介した、**皆が納得する論理で、説得力のある答えを導き出せているか**ということ。「**式の説得力**」と「**代入する値の説得力**」です。

「アリの総数はこういう式で求められます！」→「確かに！」

「それぞれの数値はこういう根拠でこう考えられます！」→「確かに！」

「代入して、概算すると、答えはこうなります！」→「確かに！　説得力のある推定値だ！」

こういうふうに、相手が「確かに！」を連発するような答えができたら理想的ですね。

フェルミ推定はさまざまな企業の面接で出題されていますが、中でも**コンサル・商社・外資系**の企業では頻出。

欧米では学校教育で科学的な思考力を養成するためにフェルミ推定が取り入れられているそうなので、外資系の企業で頻出というのも、欧米ではフェルミ推定が得意な人を積極的に採用したいというムードがあるのかもしれません。

コンサル・商社・外資系……地頭のよさが発揮されそうな業界ばかり、そしてお給料も高い業界です。

コンサルタントは頭がよければ就職できる、活躍できると言われることがありますが、結局はお客さんあっての商売。実はそんなことありません！

また、これらの業界に限らず、フェルミ推定はさまざまなビジネスシーンで役立つ、ビジネスパーソンにとって必須の能力でもあります。そのあたりの話は、次のページで詳しくお伝えしますね！

アリの問題の他に、どのような問題があるのか？　それらに具体的にどうアプローチして答えを出せばいいのか？　については、次の章（PART 2）から「これでもか！」ってくらい詳しく説明していきます！

ビジネスの現場でも活かせるスキル！

フェルミ推定は社会人になってからこそ役に立つ！

フェルミ推定は、「答えも求め方もわからない問題に対して、説得力のある答えを導き出す手法」。ポイントは「説得力のある式」に「説得力のある数値」を代入し、「ざっくり概算」で推定値を求めるというものですが、このスキルは、**あらゆる仕事に活用できる力**です！

たとえば、ロジカルシンキング（論理的思考）の基本の考え方に MECE があります。Mutually Exclusive and Collectively Exhaustive の略で、「漏れも重複もなく」という意味です。

ビジネスの場面では、性別・年代別、「売上 = 客数 × 単価」などの公式に当てはめたがる傾向があります。公式に当てはめて解くのは AI でもできますが、ミスが起こったときに最適な手法を考えて、漏れを発生させることなく対応できるのは人の力だと思います。

ビジネスで使う公式は、組み合わせて使うことで最大限の効果を発揮します。フェルミ推定を解く方法も、ある程度パターンは決まっています。しかし、その組み合わせ方こそ皆さんの地頭力が試されるとき！

具体的に、どんなビジネスシーンでフェルミ推定が活躍するのか見ていきましょう。

☑ ビジネスシーン ①

あなたは新しい飲食店を出店しようと計画中だとしましょう。さて、まずはなにから始めますか？

「事業計画？　俺はお金のこととかよくわからないし考えたくもない！ おいしい料理をリーズナブルな値段で提供して、最悪バイトは雇わず 1 人で店を切り盛りすれば、なんとかなるでしょ！」……という人は、個人的には大好きですが、ビジネスで成功するのは難しそうですよね。

そもそも事業計画が曖昧な人にお金を貸してくれるところも少ないでしょうから、出店費用を貯めるところから始めないといけません。開店までにすごく時間がかかりますね。

お店の経営には、お金の計画が切っても切り離せません。

家賃や水道・光熱費、人件費や仕入れ値にいくらかかるのか？ ここは相場がだいたい決まっているので、まだ説得力のある数値が出せそうです。

しかし、肝腎要の「お客さんがどれくらい来るのか？」は、まったく見当もつきませんよね。だって、まだ出店してないお店なんですもの。

これこそ「答えも求め方もわからない問題」、こんなときこそフェルミ推定の出番です！

出店予定の場所を利用する人の数や、周りにある飲食店の情報をもとに、ざっくりこれくらいだろうとフェルミ推定してみる。そうすれば、客席の数や、メニューと値段や、雇える人数などを、説得力を持って選択し、公式と情勢を複合的に考えていくことができます。

そして、この説得力は、出店費用を借りるときにも大きな武器になります。スタートが早く切れるので、それだけ多くの試行錯誤ができて、ノウハウが溜まっていきます。お店を経営していくうち、よりよいプランも思いつくはずです。2店舗目も夢じゃないかも！

実際にはいろいろと考えることがありますし、こんなにスムーズにはいかないことがほとんどだと思いますが……他の人に差をつけて、成功までの距離を縮められることは確かです。

開店資金を借りることができず、ひたすら他の仕事をがんばって貯める人がいるいっぽうで、順調に多店舗経営をしている人がいる。フェルミ推定ができれば、後者になれる確率がぐんと上がります！

☑ ビジネスシーン ②

あなたは会社で新商品の開発を担当しているとしましょう。

「俺は大衆に迎合するつもりはない！　まだ誰も見たことがない、まったく新しい商品を開発するんだ！」という人は、昔の自分を見ているようで愛おしくもなりますが、会社にいっぱい迷惑かけるんだろうなぁ〜と心配になります。

会社にいる以上、「この商品を作りたい！」という自分ひとりの思いだけでは進行できません。周りの人も説得する必要があります。

会社には、大前提として「利益を上げる」という最重要課題があります。極論をいえば、作っても売れなければ意味はありません。たくさん売れる保証があるなら開発費にお金をかけられますし、いっぽうでまったく売れない商品に開発費は出ないでしょう。

ハリウッド映画の超大作は、世界中でヒットする可能性が高いからこそ、巨額の製作費をかけられるわけです。

しかし、ここで問題発生！

新商品の場合、肝腎要の「どれくらい売れるのか？」は、まったく見当もつきませんよね。だって、まだこの世にない商品なんですもの。

はい！　来ました！「答えも求め方もわからない問題」、こんなときこそフェルミ推定の出番です！

この商品をほしいと思う人の数や、類似商品や関連商品の売上や、消耗品であれば年間の使用数など、ありとあらゆる情報をもとに、ざっくりこれくらいだろうなあとフェルミ推定しましょう！

そうすれば、「これくらいの開発費をかけても大丈夫です！」と説得力を持って上司を説得することができます。

新規事業においては、フェルミ推定は次のような場面で役立ちます。

> ① 市場規模の算出がされていない分野で見通しを立てる
> ② 会社で利益を出すための施策を推定する

このうち、特に大切なのは②。フェルミ推定を行い、それをもとに考察することで、ではどうすべきかという議論が生まれます。これは**データや資料の引用だけでは起こり得ないこと**です。

つまり、フェルミ推定で、新規事業がうまくいくかどうかという蓋然性が分析できるのです！

ビジネスは人と人の交わるところに生まれます。そして、人は説得力があるほうに動きます。「答えも求め方もわからない問題に対して、説得力のある答えを導き出す手法」である**フェルミ推定は、他人を動かす力**であり、その結果、**世界を動かす力**ともいえます。

一流のビジネスパーソンや経営者は、公式と情勢を複合的に考えながら、説得力を備えた数値を駆使して、他人を動かし、世界を動かし、力強くビジネスを展開しているのです。

ここから解説していく例題を見ながら、フェルミ推定の解き方や、考えることを楽しむ姿勢を一緒に身につけていきましょう！

フェルミ推定を重ねて説得力を磨いていけば、こんなふうに国内外のビジネスパーソンと仕事するのも夢じゃないかも!?

PART 2 基本編

フェルミ推定の解き方を
身につけよう

ここからは、いよいよ実際に問題を
解いていきます！　最初は基本編。
身近な題材を例に、
少しずつ慣れていきましょう。

LEVEL 1 岡山県の人口は？

　まずはフェルミ推定の基本の「キ」からスタート。「岡山県の人口」をフェルミ推定してみましょう。

　「そんなの検索すれば正しい答えがわかるじゃん！　推定する意味ある？」と思ったあなたは、大正解！

　当然、検索すれば正確な数値は一発で求められます。でも、正確な答えは探せばわかるからこそ、自分が出した解答と答え合わせをして、どこが悪かったのかをしっかり見直せるので、入門の問題にぴったりです。

　答え合わせは最後にするとして、まずは他の知識から、岡山県の人口を推定する方法を模索してみよう。

ヒント

■1 フェルミ推定で考えてみましょう。

　1問目は、いかにも検索すればすぐに正確な答えがわかりそうな内容。でも、ぐっとこらえて推定してみましょう。正確な答えがあるからこそ、解いたあとに自分の考えた定義や答えをより詳しく精査でき、レベルアップにつながります。

■2 説得力のある解き方を探してみましょう。

　フェルミ推定では、問題の答えを求めるための解き方は自由。より説得力のある答えを導き出せれば、就活やビジネスシーンでも差がつきます！

岡山県

☑ 手順１：まずはざっくり計算してみよう

　ある都道府県の人口を考えるとき、真っ先に思い浮かぶ方法は、「日本の人口÷都道府県の数」だと思います。

　試しに計算してみましょう！　必要な知識は、次のような数ですね。

> 日本の人口 ＝ １億2500万人
> 都道府県の数 ＝ １都 ＋ １道 ＋ ２府 ＋ 43県
> 　　　　　　 ＝ 47都道府県
> １つの都道府県の人口 ＝ １億2500万人 ÷ 47

　フェルミ推定は概算でオッケーなので、計算しやすいように数値を 47 → 50 にざっくり直して計算すると、

> １億2500万人 ÷ 50 ＝ 250万人

今回の答え：250万人

　さて、この結果を見て、あなたはどのように感じますか？

　なんとなく、そこまで大きく外れていないような気がしますね。概算という意味では、この答えでも問題ないです。

　でも、人を納得させるような答えにすることを考えると、もう少し説得力のある解き方もありそう。

　説得力を持たせるためには、ここからどのようにブラッシュアップすればよいでしょうか？

☑ 手順2：説得力のある解き方を考えよう

先ほどの推定を振り返って、タカタ先生はこんなふうに考えました。

> 先ほどは「日本の人口÷都道府県の数」という方法で解いたので、すべての都道府県の人口が同じだった場合の、1つの都道府県の人口を求めたことになる。
>
> でも実際は、人口が多いところもあれば、少ないところもある。先ほど求めた平均的な人数に対して、極めて多い都道府県や少ない都道府県ももちろんある……。
>
> では、岡山県はどうだろう？　きっと極めて多くはないだろうけれど、すごく少なくはない気がするような……。
> それなら、人口の偏りを加味して、より実際の人口に近い値が求められないだろうか。
> 極めて多い、もしくは少ない都道府県の人口をのぞいて、残りの人口を残りの都道府県の数で割ってみたらどうなるだろう？

☑ 手順３：別の方法で解いてみよう

　ということで、47都道府県の平均ではなく、都道府県ごとの人口の偏りを含めて考えてみましょう！

A．人口が多い都道府県

　まずは、極めて人口が多い都道府県といえばどこが思い当たりますか？地方ごとに考えてみましょう。

　関東地方だと、首都である**東京**とベッドタウンである**神奈川**は多いですよね。もしかしたら**埼玉**も多いのかも？
　「東名阪」って言うし、東海地方の**愛知**、関西地方は**大阪**や、あと**兵庫**もかなり多そう。
　九州地方だと**福岡**。北日本なら**北海道**も。

　それなら、この８都道府県の人口を合計すると、何人ぐらいになるでしょうか。

　東京は日本の人口の１割ぐらいの人数と聞いたことがあるので、1200万人。大阪は東京よりは少ないだろうから、800万人くらい？
　残りの北海道・埼玉・神奈川・愛知・兵庫・福岡は、仮に各500万人くらいとします。すると、1200 ＋ 800 ＋ 500 × 6 で**合計5000万人**。
　なんと日本の人口の半分近くになりました！　数字にしてみると少しびっくりですね。

B.　人口が少ない都道府県

　では反対に、極めて人口が少ない都道府県といえばどこが思い当たりますか？

　……正直、こちらはぱっと思いつきません。実際に少ない都道府県はあとで調べるとして、今は独断と偏見で、**島根・鳥取・徳島・佐賀・沖縄**としてみます。

　人口はさっぱり見当がつきませんが、手順1で1つの都道府県の人口を平均250万人と求めたのに対して、人口が多い都道府県を2倍の500万人以上としたので、人口が少ない県は半分の125万人以下としましょう。計算しやすいように、今回は100万人とします。

　すると、100万人 × 5県で**合計500万人**になりますね。

今回の仮定

人口多　合計5000万人

東京都　神奈川県　埼玉県　愛知県

大阪府　兵庫県　福岡県　北海道

人口少　合計500万人

島根県　鳥取県　徳島県　佐賀県　沖縄県

34

それでは実際に解いてみましょう！
ベースとなるのは、最初と同じ「**全体の人口 ÷ 都道府県の数**」。

　今回は A と B をのぞいて考えたいので、日本の人口から、A と B を引いた平均の人口を計算してみましょう。

日本の人口 － A の人口 － B の人口
＝ 1 億 2500 万人 － 5000 万人 － 500 万人
＝ 7000 万人

　次は A と B 以外の都道府県の数。
47 － 8 － 5 ＝ 34 県になりました。
計算しやすいように、34 県→ 35 県としておきましょう。

よって、

岡山県の人口
＝ 7000 万人 ÷ 35 ＝ 200 万人

今回の答え：200 万人

　47 都道府県の平均よりも 50 万人少なくなりましたが、こちらのほうが、説得力がありますね。
　ということで、岡山県の人口は **200 万人前後**。今回はこれをフェルミ推定の結果とします！

☑ 手順4：実際の数値を調べてみよう

　それでは答え合わせをしてみましょう。実際のデータに基づいた、都道府県ごとの人口を見てみます。

日本の都道府県別人口（2022年10月1日時点）

順位	都道府県	人口	順位	都道府県	人口
1	東京都	14,040,732	25	沖縄県	1,468,634
2	神奈川県	9,232,794	26	滋賀県	1,409,388
3	大阪府	8,787,414	27	山口県	1,312,950
4	愛知県	7,497,521	28	愛媛県	1,306,165
5	埼玉県	7,337,173	29	奈良県	1,305,981
6	千葉県	6,275,278	30	長崎県	1,282,571
7	兵庫県	5,403,823	31	青森県	1,204,372
8	北海道	5,139,522	32	岩手県	1,180,512
9	福岡県	5,117,967	33	石川県	1,117,827
10	静岡県	3,582,194	34	大分県	1,106,294
11	茨城県	2,841,084	35	宮崎県	1,051,771
12	広島県	2,759,702	36	山形県	1,040,971
13	京都府	2,550,404	37	富山県	1,016,323
14	宮城県	2,279,554	38	香川県	933,758
15	新潟県	2,152,664	39	秋田県	929,937
16	長野県	2,020,497	40	和歌山県	903,172
17	岐阜県	1,945,350	41	山梨県	801,620
18	群馬県	1,913,236	42	佐賀県	800,511
19	栃木県	1,908,380	43	福井県	752,976
20	岡山県	1,862,012	44	徳島県	703,745
21	福島県	1,789,221	45	高知県	675,710
22	三重県	1,742,703	46	島根県	657,842
23	熊本県	1,717,766	47	鳥取県	543,615
24	鹿児島県	1,562,310			

結果、岡山県は 47 都道府県中 20 番目の人口の多さで、186 万 2012 人でした。タカタ先生の答えは 200 万人前後なので、今回のフェルミ推定はとてもよい精度といえるでしょう。

岡山県の人口を推定したことで、都道府県別人口への興味関心が高まってきました。このタイミングで、都道府県別人口の全体像を自分なりにまとめることにします。

この数値は人口を使ったフェルミ推定で重宝するので、ぜひ覚えておきましょう！

覚えておきたい関連情報

- 人口が 1 位 〜 10 位の都道府県（360 万人 〜 1400 万人）
  平均 725 万人 × 10 の都道府県 = 7250 万人

- 人口が 11 位 〜 16 位の都道府県（200 万人 〜 300 万人）
  平均 250 万人 × 6 の都道府県 = 1500 万人

- 人口が 17 位 〜 37 位の都道府県（100 万人 〜 200 万人）
  平均 150 万人 × 21 の都道府県 ≒ 150 万人 × 20 = 3000 万人

- 人口が 38 位 〜 47 位の都道府県（50 万人 〜 100 万人）
  平均 75 万人 × 10 の都道府県 = 750 万人

- 日本の人口 = 1.25 億人

タカタ先生のアドバイス

あらためて強調しておきますが、解答した数字の精度が高いということにあまり価値はありません。フェルミ推定は、**答えを求める過程や、当てはめる値に説得力があるかどうかが重要**です。

いっぽうで、フェルミ推定をしてから都道府県の人口を見てみると、推定をせずに見たときと比べて、驚くほど知識が頭に入ってきませんでしたか？
これこそが僕がフェルミ推定をすすめる一番の理由です。

各都道府県の人口を、すべて覚えている人は少ないと思います。
数値やデータといった情報だけをそのままインプットしようとしても、それはただの数字の羅列で、血が通ってはいません。暗記しようと思っても難しいです。

いっぽうで、フェルミ推定をしたあとでデータを見ると、「千葉県の人口はこんなに多かったのか！」「沖縄県も意外と人口が多い！」「関東は人口多すぎだろ！」「鳥取県って人口50万人なんだ！」など……**自分なりに推定したあとなので、こうした驚きとともに情報が入ってきます。**
これはまさに血の通った生きた情報だといえるでしょう。

フェルミ推定をするメリット

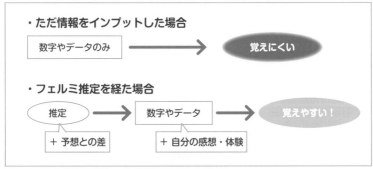

　現代はあらゆるものがデータ化・数値化され、大量の情報がネット上にあふれかえっています。検索すればいとも簡単に正しい情報が手に入るでしょう。その中で**重要なのは、その情報にどのような意味づけをするか**だと思います。

　今回、フェルミ推定をすることで、都道府県別の人口という情報が自分ごとになりましたよね。
　興味関心が高まったうえで正しい情報を見ると、さまざまな驚きや発見とともに情報がインプットされるし、全体像もわかるようになります。

　そうして得られた知識というのは、ただデータだけを無機質にインプットしたものとは雲泥の差。筋肉でたとえると、見せかけの使い物にならない筋肉ではなく、自らの意思で自由自在に動き、他の筋肉との連動もスムーズな、真に使える筋肉といったところです。
　AI が活躍すると言われている時代、AI に頼らず、自分にしかできないデータの処理方法を持つ人材のほうが活躍できそうですよね。
　さまざまなテーマをフェルミ推定し、そのうえで正確なデータを調べることで、**真に使える知識体系と全体を見渡す視点＆判断力**を手に入れていきましょう。

　今回は地域ごとの人口について見ていきましたが、次の LEVEL 2 では、世代で区切った人口についてフェルミ推定してみましょう！

LEVEL 2 日本の小学生の人数は？

　LEVEL 1 では地域ごとの人口を求めましたが、今回は、世代で区切った人口についてフェルミ推定をしていきます。
　ズバリ、日本の小学生の人数は何人でしょう？

ヒント

■ 答えを構成する要素を考えてみましょう。

　今回求めるのは「日本の小学生の人数」。ということは、「日本の小学校 1 年生から 6 年生の人数」と言い換えることができますね！
　このように、**求めたいものを分解してとらえなおす**ことがこの先も重要になってきます。

■ 人数の幅を意識しましょう。

　最初はざっくり平均を計算してもオッケー。でも次は、LEVEL 1 で「人口の多い都道府県」や「人口の少ない都道府県」をのぞいたように、どうやったらより説得力のある値が求められるか、もう一段階、深く考えてみましょう。

☑ 手順1：まずはざっくり計算してみよう

　今回は日本の小学生の人数を考えます。小学校は6年制なので、求めるのは「日本の小学校1年生から6年生の人数」ともいえます。
　ということは、1学年の人数を求めて、×6したら求められるかも？

　日本の人口は1億2500万人で、日本人の平均寿命は80歳としてみます。その場合、1学年の人数は以下のように推定できます。

1学年の人数
＝ 日本の人口 ÷ 日本人の平均寿命
＝ 1億2500万人 ÷ 80歳

　計算しやすいように、1億2500万人 → 1億2000万人に直すと、

日本の小学生の人数
＝ 1億2000万人 ÷ 80 ＝ 150万人

今回の答え：150万人

　まずはざっくり計算してみましたが、この結果を見てあなたはどのように感じますか？
　今回もそこまで大きく外れていないような気はします。概算という意味では、これでも問題ないです。

　しかし、人に説明し、納得させることを考えると、もう少しよいアプローチのしかたがありそうな気がします。説得力を持たせるためには、ここから推定をどうブラッシュアップすればよいでしょうか？

☑ 手順2：説得力のある解き方を考えよう

　先ほどの推定を振り返ってみると、結果として1〜80歳までの1学年の平均人数を求めたことになります。

　ですが、**日本には80歳以上の方も多く**いらっしゃるし、なにより、**少子化の現状**がまったく反映されていないことも気になります。仮定が少し強引だったかもしれませんね。

　少子高齢化ということは、高齢者よりも子どもの人数のほうが少ないですよね。ということは、小学校6学年分の人数は高齢のおじいちゃん・おばあちゃん6学年分の人数よりも少ないはずです。

　そして、高齢のおじいちゃん・おばあちゃん以外にも、**人数の多い年齢層**があったような……。

　そう考えると、先ほど求めた150万人より、現在の小学生の1学年の人数は少ない気がします。

なんとなくブラッシュアップの方向性が見えてきたところで、別の方法でもう一度フェルミ推定をしてみましょう！

☑ 手順3：別の方法で解いてみよう

LEVEL 1のときと同じように、極端に人数の多い世代を対象から外してみることにしましょう。

人数の多さといえば、「**団塊の世代**」や「**団塊ジュニア世代**」という言葉を聞いたことがあります。まさに小学校や中学校の、社会の授業で習った人も多いのではないでしょうか。

そして、人口といえば、思い出してほしいのがこれ！　**人口ピラミッド**です。

人口ピラミッド　▢=人数のピーク

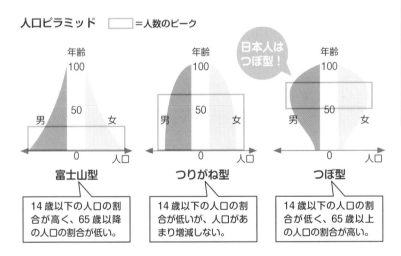

日本人はつぼ型！

富士山型

14歳以下の人口の割合が高く、65歳以降の人口の割合が低い。

つりがね型

14歳以下の人口の割合が低いが、人口があまり増減しない。

つぼ型

14歳以下の人口の割合が低く、65歳以上の人口の割合が高い。

日本人の人口ピラミッドは、高齢者の割合が多く、子どもの割合が少ないつぼ型でしたね。また、団塊の世代は1947～1949年生まれで、団塊ジュニア世代が1971～1974年生まれと言われています。

本書刊行時の2023年での年齢を計算すると、人口ピラミッドのピークに重なって見えませんか？

先ほど求めた平均値が150万人でしたから、それよりも多い「団塊の世代」「団塊ジュニア世代」を1学年250万人と仮定してみましょう。

仮にそれぞれ5年間あるとすると、団塊世代と団塊ジュニア世代は合わせて10学年。人数は250万人 × 10 = 2500万人になります。

日本の人口からこの数字を引くと、残った人口は1億人。

81歳以上の方はすごく多そうなので、900万人いると仮定して、これも引いてみます。残りは9100万人ですね。

この数字を、平均年齢の80歳から、団塊世代と団塊ジュニア世代の10年分を引いた70で割ってみましょう。

すると、1学年130万人になります。先ほどより20万人減りましたが、**世代ごとの人数の幅も考慮**したほうが、説得力がありませんか？

ここまでは高齢化について考えてきたので、さらに少子化を考慮してみましょう。

現在の小学生は上記の130万人よりも少ない人数と考えられるので、さらに10万人減らして、**1学年120万人**とします。

おさらいですが、今回の問題は小学生の人数。最終的に求めたいのは**6学年分の人数**なので、以下の通りに求めてみます。

日本の小学生の人数
= 小学生1学年の数 × 6学年分
= 120万人 × 6 = 720万人

今回の答え：720万人

今回はこの**720万人**をフェルミ推定の結果とします！

☑ 手順４：実際の数値を調べてみよう

それでは答え合わせをしてみましょう！

日本人の年齢別人口推計（2021 年 10 月 1 日時点）

年齢(歳)	総数(千人)	年齢(歳)	総数(千人)	年齢(歳)	総数(千人)	年齢(歳)	総数(千人)
0	830	26	1,293	52	1,846	78	1,409
1	836	27	1,286	53	1,800	79	1,420
2	871	28	1,256	54	1,794	80	1,346
3	915	29	1,266	55	1,400	81	1,188
4	938	30	1,257	56	1,723	82	998
5	978	31	1,281	57	1,613	83	1,024
6	1,003	32	1,302	58	1,571	84	1,005
7	1,001	33	1,341	59	1,518	85	955
8	1,026	34	1,375	60	1,486	86	855
9	1,029	35	1,393	61	1,492	87	753
10	1,054	36	1,444	62	1,516	88	694
11	1,063	37	1,492	63	1,471	89	615
12	1,069	38	1,511	64	1,426	90	532
13	1,089	39	1,513	65	1,494	91	445
14	1,083	40	1,524	66	1,535	92	378
15	1,075	41	1,592	67	1,529	93	313
16	1,076	42	1,630	68	1,615	94	236
17	1,119	43	1,691	69	1,696	95	186
18	1,131	44	1,735	70	1,784	96	137
19	1,178	45	1,816	71	1,900	97	97
20	1,221	46	1,891	72	2,065	98	69
21	1,245	47	1,997	73	2,024	99	48
22	1,247	48	2,032	74	1,899	100 〜	85
23	1,274	49	1,995	75	1,167		
24	1,277	50	1,936	76	1,233		
25	1,278	51	1,876	77	1,484		

※出典：「人口推計（2021年 10 月 1 日現在）」（総務省統計局）

　正解は、小学生のどの学年も約 100 万人。小学生（7 〜 12 歳）の人数は 600 万人でした。推定よりもさらに少ない結果ですね。小学生より若い世代の未就学児においては、1 学年 100 万人を下回っています。

　思った以上に少子化だ……。**現在の日本の小中高生は 1 学年 100 万人**というのは今後も使えそうなので覚えておきましょう。

いっぽうで、団塊世代や団塊ジュニアの人数は1学年200万人前後でした。250人と仮定したので少し多かったですね。また、81歳以上の方は合計すると約1000万人なので、900万人という仮定はまずまずでした。

小学生の人数を推定したことで、年齢別人口への興味関心が高まってきました！　このタイミングで、年齢別人口の全体像を自分なりにまとめてみます。

覚えておきたい関連情報

- 0 ～ 19歳の人口（1学年80万人 ～ 120万人）
  1学年の平均100万人 × 20歳分 ＝ 2000万人
- 20 ～ 39歳の人口（1学年120万人 ～ 150万人）
  1学年の平均130万人 × 20歳分 ＝ 2600万人
- 40 ～ 59歳の人口（1学年150万人 ～ 200万人）
  1学年の平均175万人 × 20歳分 ＝ 3500万人
- 60 ～ 79歳の人口（1学年120万人 ～ 200万人）
  1学年の平均160万人 × 20歳分 ＝ 3200万人
- 80歳以上の人口
  1学年の平均60万人 × 20歳分 ＝ 1200万人

この数値は人口を使ったフェルミ推定で重宝するので、ぜひ覚えておきましょう！

日本の小学校の先生の人数は？

　次は少し難しい問題にチャレンジしてみましょう。日本人なら誰しもがお世話になる小学校の先生。瞳を閉じてあの頃を振り返ってみましょう。甘酸っぱい思い出とともに、担任の先生や音楽の先生や保健の先生の顔が浮かんできませんか？

　さて、ここで問題！　現在、日本にいる小学校の先生の数は何人くらいでしょう？　ここからは手順を意識してフェルミ推定をしていきます！

ヒント

■ 「小学校の先生」を自分なりに定義しましょう。

　数えるのは、担任の先生だけでよいでしょうか？　副担任の先生は？音楽や理科など専科の先生は？（最近では算数や英語の専科の先生もいるとか！）　また、図書室の先生、保健室の先生、スクールカウンセラーの先生は？　用務員さんや事務室の職員さんは？

　忘れちゃいけない、校長先生や教頭先生は？　どう定義すると一番説得力があるでしょうか？

■ 「言葉の式」を複数作ってみましょう。

　この問題は、複数のアプローチができます。どの式が一番説得力のある数値を代入できそうか考慮して、「言葉の式」を決定してください。

　また、選ばなかった式でも答えを求めてみましょう。**複数の答えが半分〜2倍の範囲に収まっていれば、かなり信用できる値**といえます。

■ "現在の"小学校の先生の数を推定しましょう。

　あなたが小学生だった頃と現在の小学校では、変わっているところも多いはず！

　数値を代入する際に、**"自分の思い出"と"現実"のギャップには注意**しましょう。

☑ 手順 1：前提を定義しよう

●「小学校の先生」の定義

　これは非常に難しい！　まずは自分が小学生だった頃を思い出し、お世話になった先生方を挙げていきましょう。

　担任の先生、隣のクラスの先生、校長先生に教頭先生、保健室の先生、非常勤の先生がいたという人もいるかもしれませんね。先生の定義は人によって微妙に異なると思いますが、思い切って自分なりに定義するしかありません。

　あなたはどのように定義しますか？

　僕の定義では、「先生」と呼ばれている人を"全部盛り"でいきたいと思います。

> 小学校の先生
> ＝ 担任 ＋ 副担任 ＋ 専科 ＋ 図書 ＋ 保健 ＋ 校長 ＋ 教頭
> 　 ＋ α（非常勤の先生など）

☑ 手順2：言葉の式を作ろう

　では、手順1の定義にそって、「小学校の先生の人数」を求める言葉の式を、複数作ってみましょう。

> ❶ 担任 ＋ 副担任 ＋ 専科 ＋ 図書 ＋ 保健 ＋ 校長 ＋ 教頭
> 　＋α
> ❷ 小学校の数 × 1校にいる先生の数
> ❸ 小学校のクラスの数 × 1.5 〜 2 くらい
> ❹ 労働人口 × 小学校の先生になる割合

他の式も作れるかもしれませんが、今回はこの中から選んでいきます。
あなたなら、どの式を選びますか？

> ❶はちょっと計算が大変そう。
> ❸は一番簡単に求められそうですが、「× 1.5 〜 2 くらい」の部分が、やや説得力に欠ける気もします。
> ❹は「小学校の先生になる割合」がヤマ勘になりそう。

　ということで今回は、まずは❷で求めてみて、見当違いな答えになっていないか❸でチェックしてみようと思います。

☑ 手順3：言葉の式に値を代入して計算しよう

❷ 日本の小学校の先生の人数
＝ 小学校の数 × 1校にいる先生の数

　それぞれの式に出てくる要素について、具体的な値を知っているなら、その値を使えばオッケーです。

　しかし、普通は知りませんよね。そんな場合は各要素の値をフェルミ推定で求めていきましょう！

「小学校の数」は、「日本の平地面積」から推定できそうですね！
「日本の平地面積」は皆さんご存知ですか？

日本の面積 ＝ 約40万 km²
山地：平地 ＝ 3：1 くらいなので
日本の平地面積 ＝ 約10万 km² です。

> この値はよく使うので、覚えることをオススメします！

公立小学校の数
＝ 日本の平地面積（約10万 km²）÷ 1つの小学校の学区面積

では、「1つの小学校の生徒の居住範囲」は、どう求めればよいでしょう？
これは経験則から求めるしかなさそうです。

　小学生の足で歩いて通学時間を 30 分以内にしたいとしましょう。すると、学校から 1.5 km 以内に家があることになります。

　ということは、**1 つの小学校の学区面積 ＝ 2 km × 2 km ＝ 4 km² くら**いと推定できます。

√2＝約1.4 km　1 km　1 km

1 辺が 2 km の正方形内に
住んでいれば、家〜学校は
直線距離で 1.5 km 以内
になる！

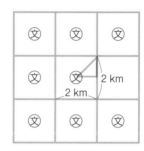

公立小学校の数
＝ 日本の平地面積（約 10 万 km²）÷ 1 つの小学校の学区面積（4 km²）
＝ 2.5 万校

　小学校は公立以外にも国立と私立があります。ただし、多くの県で、国立と私立を合わせて県内に 20 校もないと思われるので、全国で 1000 校未満と推定できます。

　2.5 万校に対して 1000 校未満は誤差と判断し、今回は無視します。

　小学校の数 ＝ 2.5 万校でファイナルアンサー！

　続いて、1 校にいる先生の数を推定しましょう。

　今回は**小学校の先生 ＝ 担任 ＋ 副担任 ＋ 専科 ＋ 図書 ＋ 保健 ＋ 校長 ＋ 教頭 ＋ α**と定義したので、それぞれの人数を推定していきます。

担任の数 ＝ クラスの数 ＝ 1 学年のクラス数 × 6 学年

　1学年のクラス数は学校によって差はありますが、1～3クラスが多そうなので、間をとって今回は2クラスとします。

● 担任の数 ＝ 2 × 6 ＝ 12人
● 副担任の数 ＝ 各学年に1人 × 6学年 ＝ 6人ですが、副担任がいない学校もけっこうありそうなので、今回は4人としておきましょう。
● 専科の先生 ＝ 各教科に1人 × 2教科（音楽と理科）＝ 2人ですが、最近は算数や英語の専科の先生も増えているそうです。ただ、逆に専科の先生がいない学校も多そうなので、今回は2人としておきましょう。
● 図書・保健・校長・教頭はそれぞれ1人ずつで計4人ですが、図書・保健・教頭はいない学校もありそうなので、今回は2人としておきましょう。
● ＋α は誤差の範囲と判断し、今回は無視します。

まとめると、

> **1校にいる先生の数**
> **＝ 担任（12人）＋ 副担任（4人）＋ 専科（2人）＋ 図書・保健・校長・教頭（2人）＝ 合計20人**

さあ、材料はそろいました！

> **小学校の先生の数**
> **＝ 小学校の数（2.5万校）× 1校にいる先生の数（20人）**
> **＝ 50万人**

う～ん……正直この人数が妥当なのか見当違いなのかピンとこない！
そんなときは、別の言葉の式で求めてみましょう！

☑ 手順4：別の言葉の式に値を代入して計算しよう

今回は、49ページの小学校の先生の人数＝❸小学校のクラスの数 × 1.5～2くらいを使います。

ちなみに、先ほど、1つの小学校の先生の数を細かく推定しましたが、担任 ＝ 12人、合計 ＝ 20人 だったので、担任の数 ＝ クラスの数 とすると、小学校の先生の数 ＝ 小学校のクラスの数 × 1.5～2くらいというのは妥当な式だと思われます。

先ほどは小学校の数からアプローチしたので、今回は別のアプローチを試みます。

小学校のクラスの数 ＝ 小学生の数 ÷ 1クラスの人数

この式で推定してみましょう。

1クラスの人数は20～30人くらいという小学校が多そうなので、間をとって25人としましょう。

では、あとは小学生の数がわかればオッケーですね！

さて、ここで小学生の数を求めたいのですが……あなたはもう知っているはず！

LEVEL2で覚えた、**現在の日本の小中高生は1学年100万人**をさっそく使ってみましょう！

小学校のクラスの数
= 小学生の数（600万人）÷ 1クラスの人数（25人）

   600万 ÷ 25

     ↓×4   ↓×4 ← 割り算のときは、割る数と割られる数の両方に同じ数を掛けても答えは同じ！

= 2400万 × 100

= **24万クラス**

さあ、材料はそろいました！

日本にいる小学校の先生の数
= 小学校のクラスの数（24万）× 1.5 ～ 2 くらい
= 36万 ～ 48万人

先ほどの答えはこちらでしたね。

日本にいる小学校の先生の数
= 小学校の数（2.5万校）× 1校にいる先生の数（20人）
= 50万人

　別々のアプローチで求めた答えがほぼ一致したので、かなり信用できる値といえます。

ということで、タカタ先生のフェルミ推定は、
日本にいる小学校の先生の数 = 50万人でファイナルアンサー！

☑ 手順 5：実際の値と比較してみよう

今回の推定で使った数値をいろいろ検索してみました！
タカタ先生の推定値と実際の値を比較してみると……

	タカタ先生の推定値	実際の値
小学校の先生の数	50 万人	約 42 万人
小学生の数	600 万人	約 622 万人
小学校の数	2.5 万校	1 万 9336 校
小学校のクラスの数	24 万クラス	約 27 万クラス

よし！　今回は、かなりよい精度の推定だったといえるでしょう！

今後も使えそうな情報としては、
●小学生の数 ＝ 1 学年約 100 万人
●小学校の数 ＝ 約 2 万校

せっかくなので、関連情報も
調べておきましょう！

覚えておきたい関連情報

●日本の小学生の数 ＝ 1学年約100万人

●小学校の数 ＝ 約2万校
●中学校の数 ＝ 約1万校
●高校の数 ＝ 約5千校

おぉ！　半分半分になっていて覚えやすい！

新たな武器を手に入れてレベルアップ！
勢いそのままに、次の問題も解いていきましょう！

どんどん問題を解いて、いろいろな知識を
手に入れていきましょう！　違うテーマの
問題でも、意外な知識が役立つこともあり
ますよ！

LEVEL 4 日本にいる ペットの猫の数は？

　皆さんは猫を飼っていますか？　「実家では飼っていたけど、今の部屋はペット禁止なんです〜」なんて人もいるかもしれませんね。ちなみに、僕の実家は子どもの頃は犬を、今は猫を飼っています。国民的なアニメやマンガの世界でも、猫の登場する作品はたくさんありますね。

　さて、ここで問題！　現在、日本にいるペットの猫の数は何匹くらいでしょう？

ヒント

■ 「ペットの猫」を自分なりに定義しましょう。

　うちによく遊びに来る野良猫のミーちゃんはペットに入るのかな？ペットショップや猫カフェ、猫島にいる猫たちはペットに入るでしょうか？　どう定義すると一番説得力があるか考えてみましょう！

■ 言葉の式を複数作ってみましょう。

　この問題は、複数のアプローチができます。どの式が一番説得力のある数値を代入できそうか考えて、言葉の式を決定してください。また、選ばなかった式でも答えを求めてみましょう。複数の答えが半分〜2倍の範囲に収まっていれば、かなり信用できる値といえます。

■ どうすればより説得力のある数値になるのかを考えてみましょう。

　数値を代入する際に、説得力に欠ける数値があった場合、どのようにすれば説得力を持たせられるか考えてみましょう。これが自然とできるようになれば、レベルが一段階上のフェルミ推定を目指せます！

■ あなたの経験を手がかりにして数値を選びましょう。

　ペットや野良猫、周りの人が飼っていた猫やテレビで観た情報など、猫との思い出を振り返って、より説得力のある数値を選びましょう。

☑ 手順1：前提を定義しよう

●「日本にいるペットの猫」の定義

これは、「日本に住んでいる人が飼っている猫」と定義すれば、多くの人が納得するのではないでしょうか？

その中には、家族で飼っているパターンや、同棲中のカップルで飼っているパターンや、単身者で飼っているパターンなどがありますね。

微妙なのは、ペットショップや猫カフェなどのお店で飼っている猫や、猫島などの地域で飼っている猫など。これはペットと言ってよいのか……難しいところですが、今回は、**住宅で飼われている猫**に限定します。

家族で飼う？

1人で飼う？

猫カフェの猫は？

地域猫は？

☑ 手順２：言葉の式を作ろう

「ペットの猫の数」を求める言葉の式を作ってみましょう。
今回は、住宅で飼われている猫に限定したので、

❶ 世帯数 × 猫を飼っている割合

が王道の式といえそうです。

さらにブラッシュアップするなら、「家族の数」と「同棲の数」と「単身者（男）の数」と「単身者（女）の数」で分けて、それぞれについて「猫を飼っている割合」を考えると、説得力が増しそうです。

式にすると、次のようになります。

❷ 家族の数 × その割合 ＋ 同棲の数×その割合 ＋ 単身者（男）の数 × その割合 ＋ 単身者（女）の数 × その割合

猫そのものだけでなく、視野を広く持ってペット産業にも注目してみましょう。
その中の猫の割合を考えればよいので、

❸ ペット産業の年間売上 × 猫の割合 ÷ 1匹に使う金額

こうした式も立てることができます。

他には、日本にいる猫全体に注目すると

❹　猫全体の数 × ペットの割合

という式も立てられます。

あとは、

❺　日本の人口 × 猫を飼っている割合

でも求められそうです。

今回は、まずはスピード重視で解きやすそうな❶で推定。
そのあと、目線をガラリと変えた❸でチェックしてみようと思います。

たくさん式が立てられましたね！
すぐに解けそうなもの、説得力のあるもの
を重視して選んでみましょう。

☑ 手順3：言葉の式に値を代入して計算しよう

では、❶の式を解いていきましょう！

❶ 世帯数 × 猫を飼っている割合

　日本の人口を1.25億人として、1世帯の人数は平均して2.5人と考えると、世帯数は次の式で求めることができます。

```
  1.25億 ÷ 2.5
    ↓×2    ↓×2
= 2.5億 ÷ 5
= 0.5億
= 5000万世帯
```

> 割る数と割られる数の
> 両方に同じ数を掛ける計算術！

　このうち、猫を飼っている割合を考えると、5世帯に1匹くらいでしょうか。割合でいうと 1/5 ですね。

　さあ、材料はそろいました！　実際に計算してみましょう。

日本にいるペットの猫の数
= 世帯数（5000万世帯）× 猫を飼っている割合（1/5）
= 1000万匹

今回の答え：1000万匹

　う〜ん……もう少し少ないような、でも大きく外してはいないような。
そんなときは、別の言葉の式で考えてみましょう！

☑ 手順 4：別の言葉の式に値を代入して計算しよう

今回は目線をガラリと変えて、ペット産業に注目した

❸ ペット産業の年間売上 × 猫の割合 ÷ 1 匹に使う金額

でチェックしてみましょう。

まず、ペット産業の年間売上について考えてみます。

細かい数字は僕も知らないのですが、「ペットビジネスは何兆円産業」というフレーズを聞いたことがあります。今回は 2 兆円としておきましょう。

その中で、猫に関する売上の割合はどれくらいでしょう？

なんとなくですが、猫と犬が圧倒的 2 トップで、売上は同じくらいの印象。それ以外のペットは、すべて合わせて猫と同じくらいになる印象です。

ということで、猫と犬とそれ以外で売上を 3 等分と仮定。よって、猫の割合は 1/3 とします。

では、猫 1 匹に 1 年間に使う金額はどれくらいでしょう？

これは個人差が大きいと思います。自分の経験をもとに考えてみると、餌代が月 5000 円、トリマーや病院やペット保険が月 5000 円、これらで年間 12 万円になりますね。

あとは、最初に飼い始めるときと、最期を看取るときにかかるもろもろの費用を考えると、合計でざっくり年間 20 万円くらいでしょうか。

個人差がある内容でも、経験をもとにしていると説得力が増します。

さあ、材料はそろいました！

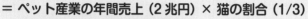

日本にいるペットの猫の数
= ペット産業の年間売上（2兆円）× 猫の割合（1/3）
   ÷ 1匹に使う金額（20万円）
≒ 2.1兆円 × 1/3 ÷ 20万円
= 7000億円 ÷ 20万円
= 350万匹

今回は、❶と❸で数値に2倍以上の開きが出てしまいました。

どちらがより説得力があるかと考えると、要素を細かく考えた❸のほうがよい気がします。実際には、❷家族の数 × その割合 ＋ 同棲の数 × その割合 ＋ 単身者（男）の数 ＋ 単身者（女）の数 などで細かく見ていってもよさそうですね。

ただ、今回はスピード重視なので、ここでタイムアップとしましょう。

今回のタカタ先生のフェルミ推定は、
日本にいるペットの猫の数＝ 350万匹 でファイナルアンサー！！！

どうやったら速くできるかを意識して解くと、より実践的な力が身につきます！

☑ 手順 5：実際の値と比較してみよう

今回の推定で使った数値をいろいろ検索してみました！
タカタ先生の推定値と実際の値を比較してみると……

	タカタ先生の推定値	実際の値
猫の数	350 万匹	894.6 万匹
日本の 1 世帯の平均人数	2.5 人	2.21 人
日本の世帯数	5000 万世帯	5570 万世帯
猫を飼っている人の割合	1/5	9.8%
ペット産業の規模	2 兆円	1.72 兆円
猫産業の規模	7000 億円	？？？（2022 年の猫の経済効果は 1.97 兆円という情報も）
猫 1 匹にかかる費用	1 万円 / 月	8460 円 / 月

❶で求めた答えの 1000 万匹のほうが、実際の値と近かったですね。う～ん、残念！

試しに、ペット産業の半分は猫に関する売上で、猫 1 匹に 1 年間でかかる費用を 10 万円として計算してみると、**1.6 兆円 × 1/2 ÷ 10 万円 ＝ 800 万匹**になります。実際の値と近い数値になります。猫 1 匹にかかる費用を高く見積もりすぎたのが、今回の敗因でしょう。

でも、桁は合っているので、そんなに見当違いな推定でもなかったといえます。

　❷の"家族の数 × その割合 ＋ 同棲の数 × その割合 ＋ 単身者（男）の数 × その割合 ＋ 単身者（女）の数 × その割合"についてはデータを見つけることができなかったのですが、"単身世帯数 × その割合 ＋ 2 人以上世帯数 × その割合"についてはデータがありました。

　それぞれの値を予想したうえで、実際の値を見てみましょう！

	タカタ先生の推定値	実際の値
単身世帯数	2000 万	2115 万 1000 世帯
単身世帯の猫の飼育率	1/8	6.44% ≒ 1/16 （ただし平均 1.68 匹飼っている）
2 人以上世帯数	3000 万	3455 万 4000 世帯
2 人以上世帯の猫の飼育率	1/4	10.55% ≒ 1/10 （ただし平均 1.75 匹飼っている）

猫を飼っている割合は 1/10 くらいで、平均 2 匹くらい飼っているんですね！　この情報から考えると、猫の数はざっくり 5000 万世帯 × 2/10 ＝ 1000 万匹くらいでしょうか。

ちなみに犬派の人も多いと思うので、猫と犬の飼育情報を並べて載せておきます。

	猫	犬
単身世帯数	2115万1000世帯	
単身世帯の飼育率	6.44%（平均1.68匹）	5.49%（平均1.26匹）
2人以上世帯数	3518万1411世帯	
2人以上世帯の飼育率	10.55%（平均1.75匹）	12.54%（平均1.25匹）
合計数	894.6万匹	710.6万匹

犬のほうが飼育率はわずかに高いんですね！　でも、1世帯当たりの飼育数は猫のほうが多いので、合計数は猫のほうが多いようですね。

今後も使えそうな情報としては、このあたりを覚えておきましょう。

覚えておきたい関連情報

●単身世帯数 ＝ 2000万世帯
●2人以上世帯数 ＝ 3500万世帯

新たな武器を手に入れてレベルアップ！
次の問題にもチャレンジしてみましょう！

日本にある電柱の数は？

　我々の生活になくてはならない電気。その電気を各家庭に届けてくれるのは電線で、そしてその電線を支えるのが電柱です。つまり、電柱は我々の生活の根幹！　この社会の大黒柱は電柱だ！

　ということで、今回は電柱に注目してみましょう。我々は電柱に囲まれて生活しています。人口の多い都会だけじゃなく、どんなに過疎化した村でも、人が生活していて電気が通っていれば、そこに電柱はあります。

　さて、ここで問題！　ズバリ、現在日本の電柱の数は何本でしょう？

ヒント

■1 「電柱」を自分なりに定義しましょう。

　電線を支える電柱にはいろいろな種類があります。その中で「電柱」といえるのはどれでしょう？　街中でよく見かけるコンクリート製のもの？　田舎でたまに見る木製のものは？　高圧電線を支える鉄製のものも？　どう定義すると一番説得力があるでしょうか。

■2 言葉の式を複数作ってみましょう。

　この問題も、複数のアプローチができます。どの式が一番説得力のある数値を代入できそうか考慮して、言葉の式を決定してください。また、選ばなかった式でも答えを求めてみましょう。複数の答えが半分〜2倍の範囲に収まっていれば、かなり信用できる値といえます。

■3 どうすればより説得力のある数値になるのかを考えてみましょう。

　説得力に欠ける数値があったら、むしろレベルアップのチャンス！説得力を高めて、一段上のフェルミ推定を目指しましょう。

■4 数値の手がかりになるのは、あなたの経験です。

　さまざまな思い出の風景の中に存在する電柱と照らし合わせながら、より説得力のある数値を選びましょう。

☑ 手順1：前提を定義しよう

●「電柱」の定義

「電柱」=「電線を支えている柱」と定義すれば、多くの人が納得しそうな気がします。しかし、「電線を支えている柱」の中には、コンクリート製のものや、木製のもの、さらには高圧線を支える鉄製のものもありますよね。ただ、鉄製のものは「電柱」というより「鉄塔」という呼び方のほうがしっくりきます。

なので今回は、鉄塔はなしで考えたいと思います。

今回の「電柱」の定義

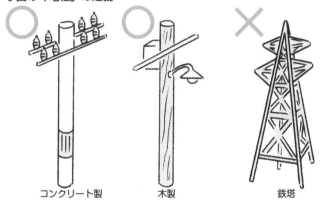

コンクリート製　　　木製　　　　　　　　鉄塔

> 自分なりの定義を考えるのが、スタートライン。どう定義すると説得力があるかを考えましょう。

☑ 手順２：言葉の式を作ろう

「電柱の数」を求める言葉の式を作ってみましょう。
　まずは電柱が立っている環境を想像してみます。どの電柱も基本的に地面に立っていますね。間隔は測ったことありませんが、密集しているところは見たことないですし、一定の目安がありそうです。ということで、

❶ 日本の面積 × 単位面積当たりの本数

　これが王道の式といえそうです。
　さらにブラッシュアップするなら、「電柱が多い場所の面積」と「電柱が少ない場所の面積」で分けて、それぞれに「単位面積当たりの本数」を考えると、説得力が増しそう。これを式にすると、次のようになります。

❷ 電柱が多い場所の面積×単位面積当たりの本数
　＋ 電柱が少ない場所の面積×単位面積当たりの本数

　加えて、電柱が立っているのは「道路の両側」ですね。
　ここに注目すると、次のような式も考えられます。

❸ 日本の道路の長さ ÷ 電柱の間隔 × 2

　あとは、電柱の役割について考えてみます。電柱は「建物に電気を届けること」が目的。ということは、建物の数と相関関係がありそうなので、

❹ 日本の建物の数×建物１つ当たりの本数

　この式でも推定できそうです。
　❶はあまりにもざっくりすぎる気がするので却下。❸は道路の長さがまったく見当がつかないので却下。
　今回は、残った２つから、まずは❷で推定し、追加で目線をガラリと変えた❹でチェックしてみようと思います。

☑ 手順3：言葉の式に値を代入して計算しよう

さて、まずは❷から解いていきましょう！

❷ 電柱が多い場所の面積 × 単位面積当たりの本数 ＋ 電柱が少ない場所の面積 × 単位面積当たりの本数

「電柱が多い場所の面積」と「電柱が少ない場所の面積」はそれぞれどれくらいでしょうか？

電柱が多い場所は思いつきませんが、少ないのは電柱を立てにくい場所、すなわち山だと予想しました。したがって、「日本の面積」と、「山地：平地」を知っていれば解決しますね。

正確な数値を知っている人はそれを使いましょう。でも知らない人も多いと思いますし、せっかくなので「日本の面積」もフェルミ推定することから始めてみましょう！

まずは日本列島を思い浮かべてみましょう。フェルミ推定は概算なので、小さい離島や沖縄はのぞいてざっくり考えます。

長方形の中に日本列島をすっぽり入れて、長方形の横と縦の長さを推定します。時速300kmの新幹線で東京〜大阪が2時間半くらい……ですが、途中の停車時間や加速と減速、線路は多少くねくねしていることを考えると、東京〜大阪は直線距離で500kmくらいでしょうか。
なんとなく横長の長方形をイメージしました。

これをもとに、長方形の横＝1500km、長方形の縦＝1000km、日本列島の面積＝長方形の1/3くらいと仮定します。

式にすると次のようになります。

日本の面積 = 1500 km × 1000 km × 1/3 = 50 万 km²

ここでいったん、実際の値を検索してみました！

長方形の横 = 1500km
長方形の縦 = 1600km
日本の面積 = 37.8 万 km²
山地：平地 = 3：1

　面積は約 40 万 km² でした。横長の長方形だと思っていましたが、実際はほぼ正方形、むしろ縦のほうが少し長いんですね。そして、やっぱり山が多い！

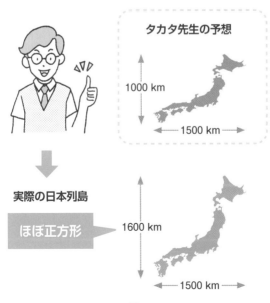

タカタ先生の予想

1000 km

1500 km

実際の日本列島

ほぼ正方形

1600 km

1500 km

今回はこれらの知識を手に入れました！

覚えておきたい関連情報

● 日本列島の横の長さ（沖縄・離島除く）＝ 1500 km
● 日本列島の縦の長さ（沖縄・離島除く）＝ 1600 km

● 日本の面積 ＝ 40 万 km^2
● 日本の山地 ＝ 30 万 km^2
● 日本の平地 ＝ 10 万 km^2

どれもよく使う数値なので、覚えておくことをオススメします！

さて、話をもとに戻しましょう。

日本の電柱の数
＝ 電柱が多い場所の面積 × 単位面積当たりの本数 ＋
　　電柱が少ない場所の面積 × 単位面積当たりの本数

でしたね。

電柱が多いのは平地で、少ないのは山地のはずなので、

電柱が多い場所の面積 = 日本の平地 = 10 万 km²
電柱が少ない場所の面積 = 日本の山地 = 30 万 km²

と仮定しましょう。

では、それぞれの単位面積当たりの本数はどうなるでしょうか?
おさらいですが、フェルミ推定は概算。思い切って山地の電柱は除外します。平地では、単位面積当たり何本の電柱があるでしょうか?

まず、電柱は何 m 間隔で並んでいるか、記憶を頼りに考えてみましょう。う～ん……タカタ先生の記憶では、30 ～ 40 m くらいの間隔で並んでいる印象です。

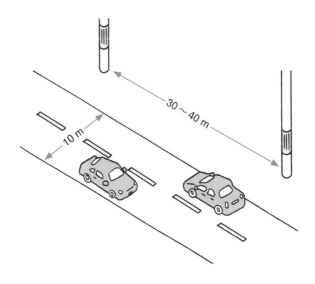

73

そして道の両側にあるイメージなので、道幅は2車線＋歩道を足して10mくらいでしょうか。

100m × 100mの正方形の土地の中にある建物と道路と電柱を想像すると、電柱は10本。1km × 1kmの正方形の中には1000本入ることになりますから、これが単位面積当たりの本数になります。

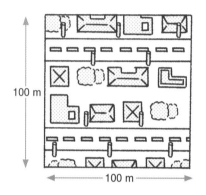

電柱 の数
＝約10本

さあ、材料はそろいました！

> **日本の電柱の数**
> ＝ **電柱が多い場所の面積 × 単位面積当たりの本数 ＋**
> 　 **電柱が少ない場所の面積 × 単位面積当たりの本数**
> ＝ **平地面積 × 単位面積当たりの本数 ＋**
> 　 **山地面積 × 単位面積当たりの本数**
> ≒ **平地面積（10万km²）× 単位面積当たりの本数（1000本）**
> ＝ **1億本**

今回の答え：1億本

次は、別の式でも解いてみましょう！

☑ 手順4：別の言葉の式に値を代入して計算しよう

さて、次は目線をガラリと変えて、

❹ 日本の建物の数×建物1つ当たりの本数

で推定してみましょう。

　まずは、日本の建物の数。「建物」は「**住宅**」と「**住宅以外の建物**」の2つに分けて考えてみましょう。
　「住宅数」は、先ほど使った「世帯数」から推定できそうですね。

単身世帯数 ＝ 2000万世帯
2人以上世帯数 ＝ 3500万世帯

　住宅は一軒家のほか、マンションやアパートといった集合住宅があるので、ここから「一軒家」と「集合住宅」の数をそれぞれ考えます。

一軒家 ＝ 3000万世帯 ＝ 建物の数は3000万
集合住宅 ＝ 2500万世帯
1軒当たり10世帯が入居していると仮定して、
＝ 建物の数は250万

　住宅に関しては、これくらいの数字が妥当でしょうか。

では、「住宅以外の建物」はどうでしょう?

お店に学校、公共施設など……どんな建物でも、誰かが働いているイメージです。人数の大小はありますが、ここでは1つの建物で働いている人を30人、日本人のうち7割の人が働いているとしましょう。

すると、次のように考えられます。

日本の人口(1.2億人)× 働いている人の割合(0.7)÷ 30 = 280万

ということで、これまで求めた数字をまとめます!

●一軒家の数= 3000万
●大きな建物の数= 250万 + 280万= 530万
　これは計算しやすいように、500万としましょう。

建物の大きさの違いも考えないといけませんね。

一軒家の場合は、建物2つで電柱1本、大きな建物の場合は、建物1つで電柱5本としましょう。

●小さい建物の場合

●大きい建物の場合

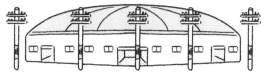

さあ、材料はそろいました！

日本の電柱の数
＝ 日本の建物の数×建物１つ当たりの本数
＝ 一軒家の数（3000 万）× 建物１つ当たりの本数（1/2 本）
＋ 大きな建物の数（500 万）× 建物１つ当たりの本数（5 本）
＝ 1500 万 ＋ 2500 万
＝ 4000 万本

今回の答え：4000 万本

❷で求めた答えは１億本なので、数値に２倍以上の開きが出てしまいました。こういうときは、より説得力のあるほうを選びましょう！

❷と❹でどちらが説得力があるかと考えると、より細かく条件を考えた❹のほうがよい気がします。

ということで、今回のタカタ先生のフェルミ推定は、
日本の電柱の数＝ **4000 万本**でファイナルアンサー！！！

☑ 手順5：実際の値と比較してみよう

今回の推定で使った数値などをいろいろ検索してみました！

タカタ先生の推定値と実際の値を比較してみると、違いはこのようになりました。

	タカタ先生の推定値	実際の値
電柱の数	4000 万本	3600 万本
一軒家の数	3000 万軒	2875 万軒
一軒家以外の住宅の数	250 万棟	2485 万棟
住宅以外の建物	280 万棟	500 万棟
電柱の間隔	30 〜 40 m	約 30 m
道路の幅	車道・歩道を合わせて 10 m	1 車線 3.5 〜 4 m 歩道 2 〜 3.5 m
道路の面積	？？？	7600 km²
住宅地の面積	？？？	197 ha（2 万 km²）

こう見ると、けっこう精度の高い推定ができたんじゃないでしょうか。

ついでに、表の値を使って、❸日本の道路の長さ ÷ 電柱の間隔 × 2 でフェルミ推定してみましょう。

道路の長さ ＝ 道路の面積（7600 km²）
　　　　　　÷ 道路の幅（10 m ＝ 0.01 km）
　　　　 ＝ 76 万 km
電柱の本数 ＝ 道路の長さ（76 万 km）
　　　　　　÷ 電柱の間隔（40 m ＝ 0.04 km）× 道路の両側（2本）
　　　　　 ＝ 3800 万本

実際の値と比べても、とてもよい精度です。

　ちなみに、日本の道路の長さを調べると 128 万 km とのこと。思えば幅が 5m くらいの狭い道もたくさんありますし、電柱がない道や、電柱が片側にしか立っていない道もありますよね。日本の道路の長さはざっくり 100 万 km と覚えておいてもいいかもしれません。

　ということで、今後も使えそうな情報としてはこんな感じです！

覚えておきたい関連情報

- ●一軒家の数 = 3000 万
- ●一軒家以外の住宅の数 = 約 2000 万
- ●住宅以外の建物 = 約 500 万
- ●住宅地の面積 = 2 万 km²

- ●日本の面積 = 40 万 km²
- ●日本の山地 = 30 万 km²
- ●日本の平地 = 10 万 km²
- ●日本の道路 = 100 万 km

　新たな武器を手に入れてレベルアップ！
PART 3では、もっと実践的 & 難しい
問題にチャレンジしましょう！

コラム　バク速計算術 ❶　偶数 × 5 の倍数の場合

突然ですが、問題です。次の掛け算の答えを、暗算で求めてください。

（1）3 × 7　　（2）60 × 8　　（3）18 × 35

九九を覚えている人なら、（1）や（2）は楽勝のはず。
では、（3）はどうでしょう？　暗算で答えを求められますか？

実は、**偶数 × 5 の倍数** にはバク速で解ける計算術があるのです！
ポイントは『**掛け算は、片方を半分にして、もう片方を 2 倍にしても、答えが同じになる**』。片方はある数で割り、もう片方に同じ数を掛けると、同じ答えになるのです。

例：4 × 3　 = 12
半分↓　↓2倍　↓答えが同じになる
　　2 × 6　 = 12

これを利用すると、偶数 × 5 の倍数 の場合は、偶数を半分にして 5 の倍数を 2 倍にすれば、計算が簡単になります！

例：18 × 35　　　┌ 5 の倍数は
半分↓　　↓2倍　 ┤ 2 倍すると
　= 9 × 70　　　└ 10 の倍数になる！
　= 630

これなら暗算でできますね！
掛け算に 5 の倍数を見つけたら、ぜひ活用してみてください！

PART 3 応用編
もっと推定するための 方法論

次は応用編。
ビジネスで実際に活用できそうな題材をもとに
フェルミ推定していきます。
少しずつレベルアップしていきますよ！

日本のコンビニの年間総売上は？

PART 3 応用編　もっと推定するための方法論

PART 3はさらにレベルアップ！　お金・ビジネスなど、より実践的なフェルミ推定にチャレンジしてみましょう。

最初のテーマはコンビニです。全国に展開している3大企業をはじめ、地域によってはよく見かけますが、他の地域では全然見ないお店もありますね。都会ではコンビニが密集している場所があるいっぽうで、田舎ではコンビニが一切ない場所もあります。

さて、ここで問題！　日本のコンビニの年間総売上はいくらでしょう？ビジネスの基本、売上目標について考えてみましょう。

ヒント

■ 「コンビニ」を自分なりに定義しましょう。

セブン - イレブン・ローソン・ファミリーマート・ミニストップ・デイリーヤマザキ・ポプラ……このあたりの大手チェーンは「コンビニ」で異論なさそうです。では、そのグループ店舗は？　特定の地域でしか見かけないお店は？　チェーン展開していない個人商店は？　どう定義するのが一番説得力があるか、自分の経験と照らし合わせながら考えてみましょう。

■ 言葉の式を複数作ってみましょう。

この問題も複数のアプローチができます。どの式が一番説得力のある数値を代入できそうか考慮して、言葉の式を決定してください。また、選ばなかった式でも答えを求めてみましょう。複数の答えが半分〜2倍の範囲に収まっていれば、かなり信用できる値といえます。

■ どうすればより説得力のある数値になるのかを考えてみましょう。

説得力に欠ける数値があった場合は逆にチャンス！　よく考えて、一段上のレベルのフェルミ推定を目指しましょう。

☑ 手順1：前提を定義しよう

●「コンビニ」の定義

　ヒント**1**で挙げたような有名どころのコンビニは問題ないとして、そのグループ店舗や、特定の地域でしか見かけないお店、チェーン展開していない個人商店など、「コンビニ」といっても実はさまざまな種類があるのが悩みどころですね。

　ただ、特定の地域でのみ展開しているお店や個人商店などは、有名どころのチェーン店に比べて少なく、営業時間やお店の形態などもお店によってかなりばらばらな印象です。

　今回は、**チェーン展開している、ある程度有名なコンビニを「コンビニ」**と定義して推定していきたいと思います。

今回の「コンビニ」の定義

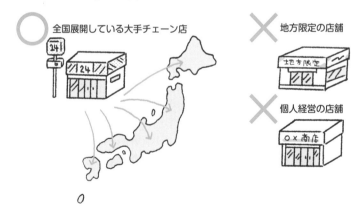

全国展開している大手チェーン店

地方限定の店舗

個人経営の店舗

☑ 手順2：言葉の式を作ろう

「コンビニ業界の年間総売上」を求める言葉の式を作ってみましょう。

❶ コンビニ業界の年間総売上
＝ コンビニ1店舗の1日の売上 × 365日
× コンビニの数

まずはこちら。これはみんな納得の式だと思います。
では、「コンビニ1店舗の1日の売上」と「コンビニの数」を分けて考えていきましょう。

●「コンビニ1店舗の1日の売上」を求める式
まずは店員さん目線で考えると、

❷ 1日の売上
＝（レジ1台の1時間の売上）×（レジの稼働数）×（時間）

が妥当かなと思います。
33ページの人口の偏りがある・ないのように、売上の多い・少ないで分けて、**1日の売上 ＝（売上の多い時間帯の売上）＋（売上が普通の時間帯の売上）＋（売上が少ない時間帯の売上）**で求めるのがふさわしそうですね。

次に店長さん目線で考えてみましょう！　商品を仕入れて売る立場なので、売上と併せて仕入れや人件費、利益といった要素もつきもの。
今回は（売上）：（仕入れ値）：（家賃＋人件費）：（利益）＝ 10：6：3：1になると仮定して、以下の式も立ててみます。

❸ 1日の売上 ＝（1日分の家賃 ＋ 1日分の人件費）× 10/3

●「コンビニの数」を求める式

　まずは面積から求める方法を考えてみます。コンビニが多い場所と少ない場所があるので、

> ❹ コンビニの数
> 　＝（コンビニが多い場所の面積）×（単位面積当たりの店舗数）＋（コンビニが少ない場所の面積）×（単位面積当たりの店舗数）

　さらに、コンビニで働いている人の数から考えると、

> ❺ コンビニの数
> 　＝（コンビニで働いている人の数）÷（1つの店舗で働いている人の数）

　この式でも求められそうですね。

　はたまた、目線をガラッと変えてお客さん目線で考えると、以下のような式でも求められそうです。

● コンビニの総売上を求める式

> ❻ 年間総売上
> 　＝（1人がコンビニで1日に使う金額）×（1年で利用する日数）×（コンビニを利用する人数）

　さて、いろいろな候補が出ましたが、どれが一番よさそうでしょうか？
　今回は、まずは ❸ & ❹ → ❶ で推定。追加で目線をガラリと変えた ❻ でチェックしてみようと思います。

☑ 手順3：言葉の式に値を代入して計算しよう

それでは、まず店長さん目線の❸の式で考えてみましょう。

> ❸ (売上)：(仕入れ値)：(家賃＋人件費)：(利益)
>   ＝ 10 : 6 : 3 : 1 のとき
> 1日の売上 ＝ (1日分の家賃 ＋ 1日分の人件費) × 10/3

コンビニの家賃は地域によってかなり差はあるでしょうが、平均すると30万円くらいでしょうか？
今回は **1日分の家賃 ＝ 1万円** と仮定して推定を進めてみます。

次に、コンビニの1日分の人件費はいくらくらいでしょう？
時給は1000円だとして、早朝や深夜は人が少ないイメージです。
6〜20時は4人体制、他の時間は2人体制だとすると、14時間 × 4 ＋ 10時間 × 2 ＝ 76時間分の時給が必要です。
したがって、1日分の人件費は、
時給1000円 × 76時間分 ＝ **7.6万円** と求められました。

1日分の家賃＋1日分の人件費
＝ 1万円＋ 7.6万円
＝ 8.6万円

このあと計算しやすいように、8.6万円→ **9万円** としておきましょう。
もとの式に当てはめると、
1日の売上
＝ (1日分の家賃＋1日分の人件費) × 10/3
＝ 9万円× 10/3
＝ **30万円** になりました。

もちろん店舗によって上下はあるでしょうが、桁が違うほどのズレはない気がします。

続いて、コンビニの数を面積から求める方法を考えてみましょう。

❹ コンビニの数
　＝（コンビニが多い場所の面積）×（単位面積当たりの店
　　舗数）＋（コンビニが少ない場所の面積）×（単位面積
　　当たりの店舗数）

面積といえば、LEVEL 5で覚えた
この知識が役立ちます！

日本の面積 = 40 万 km²
日本の山地 = 30 万 km²
日本の平地 = 10 万 km²

今回は、コンビニは平地にしかないとざっくり仮定します。

日本全国を考えると、コンビニが多い場所、つまり都会のほうが、コンビニの少ない田舎よりも面積が小さいはず。
日本の平地 10 万 km² のうち、以下のように分けてみます。

●コンビニが多い場所の面積 = 0.1 万 km²
●コンビニが少ない場所の面積 = 5 万 km²
●コンビニがほぼない場所の面積 = 4.9 万 km²

コンビニがほぼない場所は、影響も小さいはずなので、今回は除外して考えます。

コンビニが多い場所は、100m 間隔でコンビニが並んでいるとします。1 km² 当たり 100 店くらいでしょうか。

反対に、コンビニが少ない場所は 500 m 間隔でコンビニが並んでいるとします。1 km² 当たり 4 店くらいですね。

この数字を当てはめると、

コンビニが多い場所の面積（0.1 万 km²）× 1 km² 当たりの店舗数（100店）＋ コンビニが少ない場所の面積（5 万 km²）× 1 km² 当たりの店舗数（4 店）
＝ 10 万店 ＋ 20 万店
＝ **30 万店**

日本のコンビニは 30 万店、ということになりました。この数字に対して、PART 2 で得た知識を用いてこんな検証をしてみます。

LEVEL 3 で、小学校の数 ＝ 2 万校という知識を得ました。

30 万店 ÷ 2 万校 ＝ 15 なので、1 つの学区にコンビニは 15 店くらいあることになります。

そう考えると、田舎出身の僕としては少し多い気がしてきました。

あなたはどう感じますか？ 都会の人だと逆に少ないと感じるかもしれません。桁が変わるようなズレはなさそうなので、今回は 30 万店としてみます。

さあ、材料はそろいました！

コンビニ業界の年間総売上
＝ コンビニ1店舗の1日の売上（30万円）× 365日
× コンビニの数（30万店）
≒ 1億円 × 30万店
＝ 30兆円

今回の答え：30兆円

なんだかすごい金額になりました！　金額が大きすぎて、正直この値が妥当なのか見当違いなのか判断できない！

そんなときは、別の言葉の式でフェルミ推定してみましょう！

複数のアプローチで、
一番説得力のある答えを
探していきましょう！

☑ 手順4：別の言葉の式に値を代入して計算しよう

今回は目線をガラリと変えて、お客さん目線で考えたこの式で推定してみましょう。

> ❻ コンビニの1年間の総売上
> ＝ 1人がコンビニで1日に使う金額 ×
> 　 1年で利用する日数 × コンビニを利用する人数

1人がコンビニで1日に使う金額は個人差があるでしょうが、思い切って1000円と仮定してみます。

1年で利用する日数も個人差があるでしょうが、日に2回立ち寄る人もいそうなので、思い切って200日。

コンビニを利用する人数は、人口の半分くらいはそれなりに利用していると思うので、6000万人と仮定しましょう。

さあ、材料はそろいました！

コンビニの1年間の総売上
＝ 1人がコンビニで1日に使う金額（1000円）×
**　 1年で利用する日数（200日）×**
**　 コンビニを利用する人数（6000万人）**
＝ 20万円× 6000万人
＝ 12兆円

今回の答え：12兆円

❶と❻で数値に2倍以上の開きが出てしまいましたが、桁がズレるほどの違いではありませんでした。❶で求めた「コンビニの数＝ 30万店」は少し多いかなあと思っていたので、今回は❻を採用することにしましょう。

今回のタカタ先生のフェルミ推定は、

コンビニの1年間の総売上 ＝ 12兆円でファイナルアンサー！

☑ 手順5：実際の値と比較してみよう

今回の推定で使った数値をいろいろ検索してみました！
タカタ先生の推定値と実際の値を比較してみると……こんな感じです！

	タカタ先生の推定値	実際の値
コンビニの年間総売上	12兆円	11兆1775億円
コンビニの1日の売上	30万円	54万円
コンビニの数	30万店	5万5838店
コンビニで1日に使う金額	1000円	711円（1回の買い物）

やはり、「コンビニの数」の推定値がダメダメでしたね。
　他は1/2倍～2倍の範囲に収まっているので、まあよしと言ったところ
でしょうか。

複数のアプローチで推定をすることで、違和
感に気づきやすくなり、修正できるようにな
ります。これが自然とできるようになると、
フェルミ推定レベルは跳ね上がります！

　ちなみに、**コンビニは人口2000 ～ 3000人に対して1店舗作るのが一般的**なようです。仮に2000人として計算してみましょう。

日本の人口（1.2億人）÷ 1店舗の基準（2000人で1店舗）
＝約6万店

　実際の値にも近くなりましたね！
　先ほどのように小学校ベースで考えても、1つの学区に平均3店舗なので、小学校の数（2万校）× 3店舗 ＝ 6万店 になります。
　1つの学区に3店舗は、❶の数値よりもかなり説得力がありますね。

　今回のように**小学校をベースに考えると、皆それぞれの体験と紐づいているので、推定値に説得力を出しやすい**です。
　また、ビジネスに関する推定をするときは、コンビニをベースにした考え方もいろいろなところで使えそうなので、コンビニの数や年間売上はぜひ覚えておきましょう。

　今後も使えそうな情報としてはこんな感じでしょうか。
　与えられた条件やデータから物事を論理立てて考えることは、ビジネスパーソンとしてぜひ身につけておきたい能力です。

　ビジネスにも使える武器をどんどん手に入れて、より実践的にレベルアップしていきましょう！

覚えておきたい関連情報

●コンビニの数 ＝ 6万店
●コンビニの年間売上 ＝ 10兆円

LEVEL 7　日本の卓球人口は？

　今回はマーケットの母数を推定してみましょう。新商品を作ろうと思ったときに、そもそもその商品がどれくらい売れる見込みがあるのか、その商品を買う可能性がある人がどれくらいいるのかは重要ですよね。こうした内容もたいていはフェルミ推定で求められます。

　今回は、誰しも一度はやったことがあるであろう、あの国民的スポーツを例にして考えていきます。

　では、問題！　日本の卓球人口は何人でしょう？

　スポーツメーカーの人になった気分で解いてみましょう！

ヒント

■1 「卓球人口」を自分なりに定義しましょう。

　"卓球を一度でもやったことがある人"となると、日本の人口の大半になるでしょう。いっぽうで"プロの卓球選手"となると、非常に少ない人数になりますよね。どう定義すると一番説得力があるでしょうか？

■2 言葉の式を複数作ってみましょう。

　まずはどのようなアプローチで解けるか挙げてみて、どの式が一番説得力のある数値を代入できそうか考えて、言葉の式を決定してください。また、選ばなかった式でも答えを求めてみましょう。複数の答えが半分～2倍の範囲に収まっていれば、かなり信用できる値といえます。

■3 より説得力のある数値になるのか考えてみましょう。

　説得力に欠ける数値があった場合は、むしろレベルアップのチャンス！　どうすればより説得力のある数値になるのか考えてみましょう。一段上のレベルのフェルミ推定をねらえます。

■4 数値の手がかりになるのは、あなたの経験です。

　子どもの頃から現在まで、さまざまな思い出や経験と照らし合わせながら、より説得力のある解き方や数値を選びましょう。

☑ 手順1：前提を定義しよう

●「卓球人口」の定義

　プロの卓球選手はもちろん、学校の卓球部の人や、クラブチームに所属している人は、卓球人口に加えて問題ないでしょう。

　しかし、週1で卓球をする人、月1で卓球をする人、年1で卓球をする人はどうでしょう？

　さらには、10年前に温泉旅館でプレーした人も卓球人口に加えてよいでしょうか？

　今回は、**卓球グッズを買う可能性のある人**という視点で、**マイラケットを持っているガチ勢な人**を想定して推定していきたいと思います。

> 皆が知っているものだからこそ、悩みどころですね。こういうときこそ、自分なりの定義をしっかり固めることが大事です。

☑ 手順２：言葉の式を作ろう

さっそく、「卓球人口」を求める言葉の式を作ってみましょう！

まずは世代ごとの卓球人口を考えるのが王道でしょうか。
小・中・高の部活のイメージが強いので、

❶ 日本の卓球人口 ＝ 小学生の卓球人口 ＋ 中学生の卓球人口 ＋ 高校生の卓球人口 ＋ 18 歳以上の卓球人口

また、卓球は家よりもどこかに出かけて行うことが多そうなので、体育館や卓球場といった施設に注目すると、次の式でも求められそうです。

❷ 日本の卓球人口 ＝ 体育館の数 ×１つの体育館の卓球人口 ＋ 個人経営の卓球場 ×１つの卓球場の卓球人口

はたまた、卓球グッズの売上に注目すると、

❸ 日本の卓球人口 ＝（スポーツ用品店の数 ×１店舗の卓球用品の年間売上 ＋ 卓球専門店の数 ×１店舗の卓球用品の年間売上）÷１人が１年で使う金額

この式でも求められるでしょうか。

今回は、まずは❶で推定。次に、目線をガラリと変えた❸でも推定してチェックしてみようと思います。

☑ 手順3：言葉の式に値を代入して計算しよう

それでは、最初はこの式で推定していきましょう。

❶ 日本の卓球人口 ＝ 小学生の卓球人口 ＋ 中学生の卓球人口 ＋ 高校生の卓球人口 ＋ 18 歳以上の卓球人口

● 小学生の卓球人口
まずは小学生の卓球人口から。
PART 2 で得た知識に、こんなものがありました。

● 小学校の数 ＝ 2 万校
● 中学校の数 ＝ 1 万校
● 高校の数 ＝ 5 千校

　ということは、1 つの小学校に何人卓球部員がいるかがわかれば、卓球人口が求められますね。
　ただ、小学校の頃を思い返してみると、スポーツをやっていた子には、学校の部活だけでなく地元のクラブチームに所属している子もいました。地元に卓球クラブがあるかないかで、人数は大きく違う気がします。

　地元に卓球クラブがある学校は 1/10、1 つの卓球クラブに小学生は 10 人と仮定して、

小学生の卓球人口
＝ 2 万校 × 1/10 × 10 人
＝ **2 万人**としましょう。

● 中学生の卓球人口

　続いて、中学校の数が 1 万校なので、1 つの中学校に何人卓球部員がいるかがわかれば、卓球人口が求められますね。

　卓球部は多くの中学校にあると思います。強豪校か弱小校かで部員の数は大きく違うとは思いますが、多くの学校は 10 〜 20 人でしょうか。間をとって、今回は 15 人としておきましょう。

中学校の卓球人口
＝ 1 万校 × 15 人
＝ **15 万人**

● 高校生の卓球人口

　高校生については、高校の数が 0.5 万校なので、1 つの高校に何人卓球部員がいるかがわかれば、卓球人口が求められますね。

　卓球部のある高校も多いと思います。やはり強豪校か弱小校かで部員の数は大きく違うとは思いますが、こちらもだいたい 10 〜 20 人くらいでしょうか。間をとって、同じく 15 人としておきましょう。

高校生の卓球人口
＝ 0.5 万校 × 15 人
＝ **7.5 万人**

● 大学生 & 社会人 & 高齢者の卓球人口

　続いて、高校卒業後も卓球を続ける大学生や社会人の割合はどれくらいか考えてみましょう。

　先ほど高校の卓球人口を求めたので、その 1 学年当たりの人数は、次のように仮定します。

7.5 万人 ÷ 3 学年
＝ 1 学年 **2.5 万人**

1/10 の 2500 人が、高校卒業後 10 年間（30 歳くらいまで）プレーを続けたとして、2500 人 × 10 年間 = **2.5 万人**。

その後の 30 年間（60 歳くらいまで）は仕事や子育てなどで忙しくなるでしょうし、趣味レベルでも続ける人が 1/5 の 500 人に減ったとして、500 人× 30 年間 = **1.5 万人**とします。

ここまでは減っていくと仮定していますが、卓球は生涯スポーツとも聞いたことがあります。なので、その後の 15 年間（75 歳くらいまで）は人口が増えていそう。2 倍の 1 学年 1000 人に増えたと仮定して、1000人 × 15 年間 = **1.5 万人**とします。

さあ、材料はそろいました！
それぞれの数値を当てはめてみましょう。

日本の卓球人口
= 小学生（2 万人）+ 中学生（15 万人）+ 高校生（7.5 万人）
**　 + 18 歳以上の卓球人口（2.5 万人 + 1.5 万人 + 1.5 万人）**
= 2 万人 + 15 万人 + 7.5 万人 + 5.5 万人
= 30 万人

説得力のある人数だと思いますが、どうですか？
別のアプローチでも解いてみましょう！

他のスポーツの競技人口を知っていたら、それをもとに組み立ててみましょう。説得力がアップします！

☑ 手順4：別の言葉の式に値を代入して計算しよう

次は目線をガラリと変えて、卓球グッズの売上に注目した

❸ 日本の卓球人口
　　＝（スポーツ用品店の数 ×１店舗の卓球用品の年間売上
　　　＋ 卓球専門店の数 ×１店舗の卓球用品の年間売上）÷
　　　１人が１年で使う金額

この式で推定してみましょう。

　まずはスポーツ用品店や卓球専門店の数を考えてみます。
　僕の地元では、隣の学区にあるスポーツ用品店に買いに行っていたので、スポーツ用品店は１つの学区に対して１店もなかったんだと思います。
　今回は２つの学区に１つの割合でスポーツ用品店があるとして計算してみましょう。

スポーツ用品店の数
＝ 小学校の数（２万校）÷２
＝ **１万店**

　卓球専門店も僕の地元にはなかったですが、各都道府県に１つか２つくらいはありそうですね。47 都道府県 ×１〜２店なので、**100 店**と仮定しておきましょうか。

　次は１つのスポーツ用品店の売上。卓球以外のスポーツ用品も扱っているので、売上全体の中から、卓球用品の売上に絞って考えます。
　スポーツ別の人気を考えると、野球・サッカーがトップ２で、その下に陸上・テニス・バレー・卓球・バドミントンといった順でしょうか。卓球は全体の売上の 1/10 くらいな気がします。

では、1つのスポーツ用品店の1日の売上はどれくらいでしょうか？
コンビニの1日の売上を推定したときにも使った、次の式で考えましょう。

（売上）:（仕入れ値）:（家賃＋人件費）:（利益）
＝ 10 : 6 : 3 : 1

スポーツ用品店は個人経営や小さめのお店が多い気がします。
家賃 = 月15万円と仮定して、1日の家賃は5000円ですね。
人件費 = 営業時間を 10 ～ 20 時、店員は1人とすると、1日1万円。
したがって、**家賃 ＋ 人件費 = 1.5万円**と仮定して進めます。

スポーツ用品店の1日の売上
=（1日分の家賃 ＋ 1日分の人件費）× 10/3
= 1.5万円 × 10/3
= **5万円**

もちろん大きな店舗だともっと売上はあると思いますが、今回はこの金
額で進めたいと思います。

今回は年間の売上を出したいので、1年の営業日数が 300 日とすると、
このように計算できます。

スポーツ用品店1店舗の卓球用品の年間売上
= 1日の売上5万円 × 営業日数 300 日 × 卓球用品の売上 1/10
= **150万円**

卓球専門店は売上すべてが卓球用品なので、次のように求められます。

卓球専門店1店舗の卓球用品の年間売上
= 1日の売上5万円 × 営業日数 300 日
= **1500万円**

さあ、店舗数と1店舗の卓球用品の年間売上がわかりました。
あとは、1人が1年で卓球用品に使う金額を推定できれば準備完了！

　卓球に必要なグッズは、ラケット・ラバー・シューズ・ユニフォーム。トータル4万円くらいでしょうか。
　これを1年に1回替えたとすると、1年に4万円。いわゆる卓球ガチ勢はラバーをもっと頻繁に替えている気がするので ＋1万円として、合計で1年で5万円使っているとしましょう。

　さあ、材料がそろいました！

日本の卓球人口
＝（スポーツ用品店の数（1万店）×1店舗の卓球用品の
　　年間売上（150万円）＋卓球専門店の数（100店）
　　×1店舗の卓球用品の年間売上（1500万円））
　　÷1人が1年で使う金額（5万円）
＝（1万店 × 150万円 ＋ 100店 × 1500万円）÷ 5万円
＝（150億円 ＋ 15億円）÷ 5万円
＝ 165億円 ÷ 5万円
＝ 33万人

今回の答え：33万人

おお！　❶と❸の数値がほぼ同じ！　これは信憑性が高いですね！
今回は❶を採用することにしましょう。

　今回のタカタ先生のフェルミ推定は、
日本の卓球人口 ＝ 30万人でファイナルアンサー！！！

☑ 手順 5：実際の値と比較してみよう

今回の推定で使った数値をいろいろ検索してみました！
タカタ先生の推定値と実際の値を比較してみると……？

	タカタ先生の推定値	実際の値
日本の卓球人口	30 万人	1000 万人
日本の卓球競技人口		30 万人
小学生の卓球競技人口	2 万人	1.5 万人
中学生の卓球競技人口	15 万人	17 万人
高校生の卓球競技人口	7.5 万人	7.4 万人
大学生 & 社会人 & 高齢者の卓球競技人口	2.5 万人 ＋ 1.5 万人 ＋ 1.5 万人 ＝ 5.5 万人	7 ～ 9 万人
スポーツ用品店の数	1 万店	1.4 万店 （ゴルフ・釣り具も含む）
スポーツ用品店の卓球用品の年間売上	1500 万円	？？？ （市場規模は 130 億円）
卓球専門店の数	100 店	？？？
卓球専門店の年間売上	1500 万円	？？？

　今回僕が推定していたのは、結果的に卓球の「競技人口」だったみたいですね。この 30 万人というのは、日本の卓球選手たちにさまざまなサポートをしている日本卓球協会に登録している人の数です。すごく多い！

　推定値と実際の値を比較してみると、今回の推定は過去最高の精度だったといえそうです！
……実はこれにはカラクリがありまして、タカタ先生は中学・高校の頃に卓球部に所属していて、元卓球ガチ勢でした。なので、自分の経験で当てはめた数値に大きなズレがなかったんだと思います。

今後も使えそうな情報としては、こちらをおさえておきましょう！

覚えておきたい関連情報

●日本の卓球競技人口 ＝ 30 万人（そのうち、中学生が約半分）

　今回は卓球でしたが、さまざまなスポーツを考える際も目安になりそうですね。
　これまで覚えた知識も活かしつつ、次の問題も解いてみましょう！

経験者は強し！
あなたが経験してきたスポーツ、趣味、
仕事……なんでも武器になりますよ！

LEVEL 8 日本国内の自動車の年間販売台数は？

　「若者の〇〇離れ」がいろいろと叫ばれていますが、その1つに車離れが挙げられます。僕自身も、車を持っていません。

　ところが、外に出れば、あちこちで自動車が走り回っています。日本企業の売上ランキングを見ても、何年もトップにいるのは自動車メーカー。多くの人にとって、人生でする高い買い物のトップ5に入るであろう自動車ですが、1年間でどれくらい売れているのでしょうか。

　ここで問題！　国内の自動車の1年間の販売台数は何台でしょう？

ヒント

１ 「自動車」を自分なりに定義しましょう。

　一般的な乗用車はオッケーとしても、トラックやバスなどの特殊車両はどうでしょう？　海外メーカーや中古車を入れるかどうかという問題もありそうです。どう定義すると一番説得力があるか考えてみましょう。

２ 言葉の式を複数作ってみましょう。

　この問題も複数のアプローチができます。どの式が一番説得力のある数値を代入できそうか考慮して、言葉の式を決定してください。また、選ばなかった式でも答えを求めてみましょう。複数の答えが半分～2倍の範囲に収まっていれば、かなり信用できる値といえます。

３ より説得力のある数値にできるよう考えてみましょう。

　今回は、世代や地域によって、自動車を持っている人の割合が変わってきそうですね。それぞれの数値の説得力を持たせて、一段上のレベルのフェルミ推定を目指しましょう。

４ 数値の手がかりになるのは、あなたの経験です。

　さまざまな思い出の風景の中に存在する自動車と照らし合わせながら、より説得力のある数値を選びましょう。

☑ 手順 1：前提を定義しよう

● 「自動車」の定義

　今回は、個人で所有している乗用車に絞っていきます。

　もちろん、実際にはトラックや救急車、企業の社用車など、さまざまな車があります。しかし、街の景色を見ると個人所有の乗用車が圧倒的に多い印象です。

　社用車の割合は全体の 1 割もない気がするので、今回は社用車はなしとして推定します。

　また、海外メーカーや中古車は、どちらも含むことにします。

今回の 「自動車」 の定義

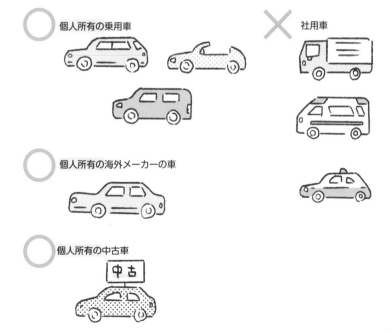

○ 個人所有の乗用車

× 社用車

○ 個人所有の海外メーカーの車

○ 個人所有の中古車

105

☑ 手順 2：言葉の式を作ろう

「自動車の販売数」を求める言葉の式を作ってみましょう！
一番簡単に求められそうなのは、運転する人に着目したこの式でしょうか。

❶ 18 〜 80 歳の人口 × 自動車を持っている割合 ÷
自動車を買い替えるまでの年数

ここからさらに世代を意識して、

❷ (18 〜 30 歳の人口 × 自動車を持っている割合 + 31 〜
60 歳の人口 × 自動車を持っている割合 + 61 〜 80 歳の
人口 × 自動車を持っている割合) ÷ 自動車を買い替える
までの年数

このような式にすると、説得力が増す気がします。

世帯に注目するとこうなりますね。

❸ (1 人世帯 × 自動車を持っている割合 + 2 人以上世帯 ×
自動車を持っている割合) ÷ 自動車を買い替えるまでの
年数

さらに地域を意識して、こんな式もいいかもしれません。

❹ (都会の 1 人世帯 × 自動車を持っている割合 + 田舎の 1
人世帯 × 自動車を持っている割合 + 都会の 2 人以上世帯
× 自動車を持っている割合 + 田舎の 2 人以上世帯 × 自
動車を持っている割合) ÷ 自動車を買い替えるまでの年数

はたまた見方をガラリと変えて、自動車会社の年間売上に注目するなら、

❻ 国内の自動車会社の年間売上 × 国内販売の割合 ÷ 自動車1台の値段

この式でも求められそうです。

　❺の式は海外メーカーや中古車について入れていませんが、日頃見かける自動車を考えると、この2つを合わせても全体の2割はいかないような気がします。
　影響が大きくなさそうなので、❺の式ではこの2つは無視して進めます！

　さて、いろいろな候補が出ましたが、どれが一番ふさわしいでしょうか？
❶に世代の要素を加えた❷の式も説得力がありそうですが、今回は、まず
❹で推定。そのあと、目線を変えた❺でチェックしてみようと思います。

時間があれば❷の式も解いてみましょう！

107

☑ 手順3：言葉の式に値を代入して計算しよう

それでは、まずは❹の式で推定してみましょう！

> ❹ 国内の自動車の年間販売台数
> ＝（都会の1人世帯 × 自動車を持っている割合 ＋ 田舎の1人世帯 × 自動車を持っている割合 ＋ 都会の2人以上世帯 × 自動車を持っている割合 ＋ 田舎の2人以上世帯 × 自動車を持っている割合）÷自動車を買い替えるまでの年数

世帯や人口について、これまで得た知識を思い出してみましょう！

● 単身世帯数 ＝ 2000万世帯
● 2人以上世帯数 ＝ 3500万世帯

また、都会の世帯数と田舎の世帯数は同じだとざっくり仮定して、

● 都会の1人世帯＝ 1000万世帯
● 田舎の1人世帯＝ 1000万世帯
● 都会の2人以上世帯＝ 1750万世帯
● 田舎の2人以上世帯＝ 1750万世帯

このように分けてみます。

では、それぞれ自動車を持っている人の割合はどれくらいでしょうか？
自分の経験や周りの人を思い出して考えてみましょう！

108

割合を決めるための材料として、こんな仮説を立ててみます。

● 都会に住んでいる人より、田舎に住んでいる人のほうが自動車を持っている割合が高い。
● 1人世帯より、2人以上世帯のほうが自動車を持っている割合が高い。

　この2つは、多くの人が納得すると思います。
　さらに、田舎で暮らす家族の場合、パパとママがそれぞれ1台ずつ自動車を持っている家庭も多い気がします。

　それらを踏まえて、次のように仮定してみます。

● 都会の1人世帯で自動車を持っている人の割合 = 1/10
● 田舎の1人世帯で自動車を持っている人の割合 = 1/4
● 都会の2人以上世帯で自動車を持っている人の割合 = 1/2
● 田舎の2人以上世帯で自動車を持っている人の割合 = 1/1

　最後に、自動車を買い替えるまでの年数はどうでしょうか?
　これは個人差がかなりあると思いますが、僕の周りの人の話を思い返すと10年という人が多かった気がします。
　2〜10年の間をとって、今回は**6年**としておきましょう。

> 数字がざっくりしすぎたり迷ったりしたときは、まず周りの人の話を思い出してみましょう!

さあ、材料はそろいました！

国内の自動車の年間販売台数
＝（都会の1人世帯 × 自動車を持っている割合
　　＋田舎の1人世帯 × 自動車を持っている割合
　　＋都会の2人以上世帯 × 自動車を持っている割合
　　＋田舎の2人以上世帯 × 自動車を持っている割合）
　　÷自動車を買い替えるまでの年数
＝（1000万 × 1/10 ＋ 1000万 × 1/4 ＋ 1750万 × 1/2
　　＋1750万 × 1/1）÷ 6
＝（100万 ＋ 250万 ＋ 875万 ＋ 1750万）÷ 6
＝ 2975万 ÷ 6
≒ 3000万 ÷ 6 ← 計算しやすくするため、2975万 → 3000万とする
＝ 500万台

今回の答え：500万台

1年で500万台……う～ん、なんだかピンときませんね。

別の式でも考えてみましょう！

大切なのは「言葉の式」を複数作ること。より説得力のある数値にできるように考えてみましょう！

PART 3 応用編 もっと推定するための方法論

☑ 手順４：別の言葉の式に値を代入して計算しよう

次は国内の自動車会社の売上に注目した式で推定してみます。

> **国内の自動車の年間販売台数**
> **＝ 国内の自動車会社の年間売上 × 国内販売の割合 ÷ 自動車１台の値段**

まずは国内の自動車会社の年間売上について考えます。

LEVEL ６で**コンビニの年間総売上が 10 兆円**だったことを思い出すと、国内トップの自動車メーカーの年間売上が数兆円だと安すぎるし、数百兆円はさすがに高すぎる気がします。

日本国内の自動車メーカーはいろいろあると思いますが、ぱっと思いつく名前は限られますよね。

年間の売上も、トップメーカーの売上額は、その他の自動車メーカーの売上額を全部合わせたくらいな気がします。

ざっくりですが、**国内の自動車会社の年間売上 ＝ 80 兆円**としてみましょう。

次に、国内販売の割合について。

普段外を歩いていても、見かける自動車のほとんどが国産車のような気がします。国産車の販売先も半分以上は国内だと思いますが、海外で日本車が人気だとも聞いたことがあるので、輸出の割合も増えているのかも。

国内販売の割合＝ 6/10 と仮定してみましょう。

最後に、自動車１台の値段について。

普段見かける広告でもけっこう幅がありますが……ざっくり **100 万円**と仮定してみます。

さあ、材料はそろいました！

国内の自動車の年間販売台数
= 国内の自動車会社の年間売上（80兆円）× 国内販売
　 の割合（6/10）÷ 自動車1台の値段（100万円）
= 48兆 ÷ 100万
= 0.48億台
= 4800万台

今回の答え：4800万台

う〜ん……❹と❺で10倍近い差が出てしまいました。自動車離れの話もありますし、

● **単身世帯数 = 2000万世帯**
● **2人以上世帯数 = 3500万世帯**

を踏まえると、年間で自動車が4800万台も売れるというのは、さすがに多すぎる気がします。

　自動車会社の年間売上がもっと少ないか、輸出の割合がもっと多いか……両方の理由が絡んでいるのかもしれません。

　今回は❹を採用することにしましょう！

　今回のタカタ先生のフェルミ推定は、
国内の車の年間販売台数 = 500万台でファイナルアンサー！

☑ 手順5：実際の値と比較してみよう

今回の推定で使った数値をいろいろ検索してみました！
タカタ先生の推定値と実際の値を比較してみると……。

	タカタ先生の推定値	実際の値
国内の車の年間販売台数	500万台	445万台（トラック含む / 新車のみ）
国内の車の所有台数	2975万台	6215万台
車を買い替える年数	6年	新車13.84年、中古車5.7年
自動車会社の年間売上	80兆円	58兆5933億円（大手7社の合計）
国内販売の割合	6/10	2/10
車1台の平均価格	100万円	170万円（乗用車）

2021年の車種別新車販売台数と構成比

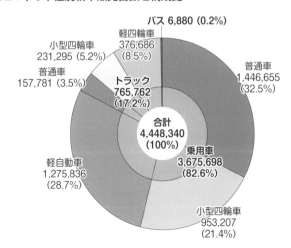

バス 6,880 (0.2%)
軽四輪車 376,686 (8.5%)
小型四輪車 231,295 (5.2%)
普通車 157,781 (3.5%)
トラック 765,762 (17.2%)
普通車 1,446,655 (32.5%)
合計 4,448,340 (100%)
乗用車 3,675,698 (82.6%)
軽自動車 1,275,836 (28.7%)
小型四輪車 953,207 (21.4%)

単位：台

トラックの割合は 17.2% もあるんですね！

乗用車だけだと 368 万台ですが、ここには中古車は含まれていないので、実際はもう少し多いはずです。

となると、500 万台というタカタ先生の推定は悪くない数字です！

乗用車の保有台数は 6215 万台と、僕の推定の倍の数でした。

実際の値で**車の台数 ÷ 買い替える年数**を計算すると、800 万台くらいになります。年間の販売台数と大きく差がありますね。

これは、年配の方など頻繁には買い替えない人がけっこういるのと、若者の車離れの影響で新たに車を買う人が少なくなっているせいなのかなと推察します。

このように、実際の値をもとに考察してみるのも、知識がしっかり身につくのでオススメです！

自動車会社の年間売上は、そこまで外していなかったですね。

しかし、国内販売の割合は大きく見誤っていました。今は、大半が輸出なんですね……。

　さらに、自動車 1 台の値段も大きくズレていました。乗用車で 170 万円なので、トラックも含めるともっと金額は跳ね上がるでしょうから、1 台の値段は平均 250 万円として計算してみます。

> **国内の自動車の年間販売台数**
> **＝ 国内の自動車会社の年間売上（60 兆円）**
> 　**× 国内販売の割合（2/10）÷ 1 台の値段（250 万円）**
> **＝ 12 兆 ÷ 250 万**
> **＝ 48 兆 ÷ 1000 万** ← 割る数と割られる数を両方 4 倍する計算裏技！
> **＝ 480 万台**

より実際の値に近づいた、精度の高い推定になりましたね！

今後も使えそうな情報としては、以下の 2 つでしょうか。

覚えておきたい関連情報

● 自動車会社の年間売上 ＝ 60 兆円
● 国産車の 8 割が輸出

　歯ごたえのある問題になってきましたね。でも、基本の手順は同じです。1 つずつ定義と仮定をしっかりおさえていけば、どんな問題も解けるはず！　次の問題もチャレンジしてみましょう！

タクシードライバー1人の1日の売上は？

　続いてはタクシーに注目してみましょう。バスや電車と比べると料金がお高いタクシー。タクシードライバーさんもその分儲かっているんでしょうか？　いつかは現場から現場へタクシー移動する売れっ子生活を送ってみたいものです。

　さて、ここで問題！　日本でのタクシードライバーさん1人の1日の売上は何円でしょう？

ヒント

❶ 「1日」を自分なりに定義しましょう。

　「1日＝24時間」ですが、24時間ぶっ通しで運転するドライバーさんはさすがにいないですよね。タクシードライバーさんの1日ってどんな感じなんでしょう？　お仕事している時間は何時から何時まで？どう定義すると一番説得力があるか考えてみましょう！

❷ 言葉の式を複数作ってみましょう。

　この問題は、複数のアプローチができます。どの式が一番説得力のある数値を代入できそうか考慮して、言葉の式を決定してください。また、選ばなかった式でも答えを求めてみて、複数の答えが半分〜2倍の範囲に収まっているか検証してみましょう。

❸ どうすればより説得力のある数値になるのか考えてみましょう。

　今回は、個人差が特に大きいテーマです。「どう推定すればみんなが納得してくれるのか？」を意識して、一段上のレベルのフェルミ推定を目指しましょう。

❹ 数値の手がかりになるのは、あなたの経験です。

　もしタクシーに乗ったことがなくても、街中やテレビ番組などで、タクシーを見かけたことはあるはず。過去の経験と照らし合わせながら、より説得力のある数値を選びましょう。

☑ 手順1：前提を定義しよう

●「1日」の定義

　今回は、労働時間に注目して1日を定義していきましょう。

　タクシー利用者が多い時間帯を考えてみます。街中でタクシーを多く見かける時間帯を思い出すと、平日は朝の出勤時、夜の帰宅時、深夜の終電後の時間ですね。金曜深夜が一番のゴールデンタイムでしょうか。

　また、土日や祝日は出かける人が多いので、時間帯によらず利用者が多い気がしますね。

　次に**タクシードライバーさんの勤務時間**を考えてみます。

　会社でシフト勤務という人も多いと思いますが、歩合制のドライバーさんも多そうですよね。

　勤務時間はこんな感じでしょうか。

タクシードライバーのシフト予想

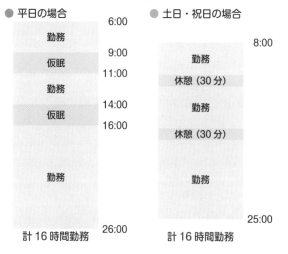

● 平日の場合

勤務	6:00
仮眠	9:00
勤務	11:00
仮眠	14:00
	16:00
勤務	
計16時間勤務	26:00

● 土日・祝日の場合

	8:00
勤務	
休憩（30分）	
勤務	
休憩（30分）	
勤務	
計16時間勤務	25:00

　1日8時間勤務というドライバーさんもきっといると思いますが、今回はこのハードなシフトで定義してみましょう。**平日の1日16時間勤務で、どれくらい売上があるかで考えてみたいと思います。**

☑ 手順2：言葉の式を作ろう

　それでは、「タクシードライバーの1日の売上」を求める言葉の式を作ってみましょう。

　まずぱっと思いついたのが、それぞれの時間帯の売上を考える方法です。先ほどのシフトをもとに、朝・昼・夕方・夜・深夜と時間帯を分けてみました。

●朝 ＝ 6〜9時（3時間）
●昼 ＝ 11〜14時（3時間）
●夕方 ＝ 16〜19時（3時間）
●夜 ＝ 19〜23時（4時間）
●深夜 ＝ 23〜26時（3時間）

　これをもとにすると、次の式になります。

> ❶ タクシードライバーの1日の売上
> 　＝ 朝の1時間の売上 × 3時間 ＋ 昼の1時間の売上 × 3時間 ＋ 夕方の1時間の売上 × 3時間 ＋ 夜の1時間の売上 × 4時間 ＋ 深夜の1時間の売上 × 3時間

　続いて、客単価で考えるとこんな式になります。

> ❷ タクシードライバーの1日の売上
> 　＝ 客単価 × 1日の乗車人数

さらに、タクシードライバーの時給に注目すれば、こうした式も考えられます。

❸ 時給 × 1日の勤務時間 × 売上 / 手取り

同じくお給料で考えると、年収に着目して

❹ タクシードライバーの年収 ÷ 1年の勤務日数 × 売上 / 手取り

こんな式も立ててみました。

さて、いろいろな候補が出ましたが、今回はどれが一番よさそうでしょうか？

今回は、まずは ❶で推定。追加で❹でチェックしてみようと思います。

❸と❹は、売上がそのまま収入ではないというところに注意です！

119

☑ 手順3：言葉の式に値を代入して計算しよう

それでは、最初の式で推定していきましょう。

> ❶ タクシードライバーの1日の売上
> ＝ 朝の1時間の売上 × 3時間 ＋ 昼の1時間の売上 × 3
> 時間 ＋ 夕方の1時間の売上 × 3時間 ＋ 夜の1時間
> の売上 × 4時間 ＋ 深夜の1時間の売上 × 3時間

● 朝の場合

　まず、朝は出勤で利用する人が多そうです。自宅から最寄駅や、ホテルから最寄駅、最寄駅から会社などの利用といったところでしょうか。料金は乗車時間5～10分で1000～1500円としてみます。

　経験から考えると、タクシーを見かけるのは街中と、利用者の多い駅前でお客さんを待っているときが圧倒的に多い！　きっと駅前でお客さんを待って、お客さんを送ったらまた駅前に戻ってきているんだと思います。

　なので、勤務時間内の動きとしては

　送る（10分）→ 戻る（10分）→ 待つ（10分）→ 送る（10分）→ 戻る（10分）→ 待つ（10分）→ ……

　というルーティーンで、**1時間の売上を3000円**としましょう。

● 昼 & 夕方の場合

　昼 & 夕方は、どういう人が利用するのか予想が難しいですね……昼 & 夕方は職場でお仕事中の人や家にいる人が多いはず。ちょっとした移動での利用が多いのでしょうか？

　駅前でスタンバイしても朝よりは待ち時間が長くなる気がするので、

　送る（5分）→戻る（5分）→待つ（20分）→送る（5分）→戻る（5分）→ 待つ（20分）→ ……

　というルーティーンで、**1時間の売上を2000円**としましょう。

● 夜の場合

　夜の場合は、帰宅で利用する人が多そうです。最寄駅から自宅、最寄駅からホテル、会社から最寄駅などの利用が多そうですね。駅や繁華街で待っていればすぐに声をかけられそう。

　朝と同じくらいの待ち時間として、

　送る（10分）→ 戻る（10分）→ 待つ（10分）→ 送る（10分）→戻る（10分）→ 待つ（10分）→ ……

　というルーティーンで、**1時間の売上は3000円**としましょう。

● 深夜の場合

　最後に深夜の場合。タクシードライバーさんにとってこの時間帯はチャンスタイムですね！　深夜料金になるうえに、終電を逃した人の長距離利用が期待できます。

　乗車時間はだいたい30〜60分で、利用料金は5000〜1万円といったところでしょうか。

　乗車時間が長い分、駅前に戻る時間も長そうなので、

　送る（45分）→ 戻る（30分）→ 待つ（15分）→ 送る（45分）→ 戻る（30分）→ 待つ（15分）→ ……

　というルーティーンで考えてみます。1.5時間当たりの売上が7500円なので、**1時間の売上はざっくり5000円**としましょう。

さあ、材料はそろいました！

❶ タクシードライバーの1日の売上
　= 朝の1時間の売上（3000円）× 3時間 ＋ 昼の1時間
　　の売上（2000円）× 3時間 ＋ 夕方の1時間の売上
　　（2000円）× 3時間 ＋ 夜の1時間の売上（3000円）
　　× 4時間 ＋ 深夜の1時間の売上（5000円）× 3時間
　= 0.9万円 ＋ 0.6万円 ＋ 0.6万円 ＋ 1.2万円 ＋ 1.5万円
　= 4.8万円

今回の答え：4.8万円

う〜ん、そんなに間違ってはいない気がしますが……他の式でも検証してみましょう！

こんなにハードなら毎日勤務はムリ！
1日おきに勤務で月に15日出勤したとすると、
月の売上は72万円くらいになりますね。
多く感じますか？　少なく感じますか？

☑ 手順４：別の言葉の式に値を代入して計算しよう

　今度はタクシードライバーさんの年収に着目した、この式で考えてみましょう。

> ❹ タクシードライバーの１日の売上
> 　＝ タクシードライバーの年収 ÷ １年の勤務日数 × 売上
> 　/ 手取り

　まずは年収。個人差は大きいでしょうし、地域差もあると思います。
　今回は、フルタイムでタクシードライバーとして働いている人として、年収は 500 万円と仮定しましょう。

　続いて勤務日数ですが、今回は１日 16 時間勤務を想定しているので、そうなると連日の勤務は厳しそうです。
　盆・正月は利用者が増えるでしょうから、しっかり働いていそうです。長期休暇はその分盆・正月をずらした日程で年間 15 日の連休があったとして、残りは１日働いて１日休んでという日々をくり返したとしましょう。
　勤務日数 ＝（365 日 － 15 日）÷ 2 ＝ **175 日**と仮定してみます。

　それでは、売上 / 手取り も考えてみましょう。
　今回は**売上がそのまま収入になるわけではない**ことも踏まえないといけないことに注意！
　そのままだと考えづらいので、**売上の何 % が収入になるのかを考えて、そこから逆算**してみます。つまり、どんな経費がかかっているのかが必要ですね。

タクシー会社勤務の場合、会社全体で考えると、ガソリン代はもちろん、車の維持費や事務所勤務の人のお給料が必要ですね。

今回は売上の 60% を収入としましょう。

60% ということは、売上 = 100 に対して手取り = 60。**売上 / 手取り = 100/60** になります。

さあ、材料はそろいました！

❹ **タクシードライバーの 1 日の売上**
  = タクシードライバーの年収（500 万）÷ 1 年の勤務日
    数（175 日）× 売上 / 手取り（100/60）
  = 2000 万 ÷ 700 × 5/3 ← 割られる数と割る数にそれぞれ 4 を掛けて、分数を約分する
  = 20 万 ÷ 7 × 5/3
  = 100 万 ÷ 21
  計算しやすいように、21 → 20 として考えると
  ≒ 100 万 ÷ 20
  = 5 万円

今回の答え：5 万円

おお！　❶と❹の数値がほぼ同じ！　これはうれしいですね！
今回は❶を採用することにしましょう。

今回のタカタ先生のフェルミ推定は、
タクシードライバーの 1 日の売上 = 4.8 万円でファイナルアンサー！

☑ 手順5：実際の値と比較してみよう

　今回の推定で使った数値をいろいろ検索してみました！
　タカタ先生の推定値と実際の値を比較してみると……こんな感じです！

	タカタ先生の推定値	実際の値
1日の売上	4.8万円	5.5〜6万円 （隔日勤務）
1時間の売上	2000〜5000円	1280円
1日の勤務時間	16時間	19〜21時間 （隔日勤務）
年収	500万円	全国平均280万円
1年の勤務日数	175日	132〜156日 （月11〜13日）
歩合	60%	60%以上

　全体的に、そこまで大きく外してはいなさそうです。❹で求めた歩合（もらえるお金の割合）もなんと同じ！
　1日の勤務時間は推定よりも長く、1年の勤務日数はもっと少ないんですね。

　ちなみに、タクシードライバーさんの働き方は、日勤・夜勤・隔日勤務の3種類があって、日勤や夜勤の場合は1日8時間の週休2日勤務になるそうです。今回は隔日勤務の場合を考えたことになりますね。

今後も使えそうな情報としては、このあたりでしょうか。

覚えておきたい関連情報

● タクシードライバーには隔日勤務という働き方がある
● タクシードライバーの歩合は60%

今回は、時間帯や働き方の種類による違いをしっかり考慮したおかげで精度も上がりました。次の問題でも意識していきましょう！

職業によって働き方や給与体系はさまざまなので、そこも意識するとさらに精度の高い推定ができそうですね！

日本の年間結婚組数は？

　続いては結婚に注目してみましょう。結婚は人生の一大事。結婚に絡んだビジネスもたくさんありますし、大きなお金が動きます。僕も日頃の授業で培った MC 力を買われて、結婚披露宴や二次会の司会のお仕事をいただくこともあります。しかし、巷では草食系男子が増加し、生涯未婚率が上昇しているなんて情報も耳にします。この先、ブライダル業界はどのようになっていくのでしょう？

　さて、ここで問題！　日本の年間結婚組数は何組でしょう？

ヒント

■ 「結婚」を自分なりに定義しましょう。

　一般的なのはおそらく男女１人ずつの組み合わせですが、事実婚や同性婚、海外なら複数人での結婚など、実はさまざまな形があります。今回はどのように定義しますか？

■ 「年間」の定義も考えてみましょう。

　「年間＝直近１年間」というのは皆さん納得だと思いますが、直近１年間の数を推定するのはなかなか難しい気がします。たとえば、年間＝○年間の平均とすると推定が簡単になるかもしれませんね。推定しやすく、かつ、みんなが納得するには、どうすればよいでしょう？

■ 言葉の式を複数作ってみましょう。

　この問題は、複数のアプローチができます。どの式が一番納得感のある数値を代入できそうか考慮して、言葉の式を決定してください。また、選ばなかった式でも答えを求めてみましょう。複数の答えが半分〜２倍の範囲に収まっていれば、かなり信用できる値といえます。

■ 数値の手がかりになるのは、あなたの経験です。

　特に昨今は少子化や生涯未婚率上昇の影響で、結婚組数が減っていることが想像できます。最新の状況を意識しながら、より説得力のある数値を選びましょう。

☑ 手順1：前提を定義しよう

●「結婚」の定義

ヒントの**1**に記載したように、結婚にもさまざまな形がありますが、今回は現在の日本の法律のルールに準じて、**結婚 = 婚姻届が役所に受理された**としたいと思います。

●「年間」の定義

今回は、**年間 = 直近1年間**もしくは、**年間 = 10年間の平均**にしたいと思います。

10年間の平均なら、直近1年とそこまで大きなズレはないでしょうし、多少考えやすくなる気がします！

一般的な言葉だし伝わるだろう……と思っていると、実は相手と認識が違うことも。推定を進めるうえで前提となる言葉をここでしっかり探して定義しましょう！

☑ 手順２：言葉の式を作ろう

「日本の年間結婚組数」を求める言葉の式を作ってみましょう！

はじめて結婚する人だけじゃなく、再婚する人もいるので……「年間＝10年間の平均」とすると、真っ先に思いつくのは、世代ごとの人口に注目する求め方でしょうか。

❶ 日本の年間結婚組数
= 20代の人口 ×（20代で結婚する割合 + 20代で再婚する割合）÷ 10年間 ÷ 2
+ 30代の人口 ×（30代で結婚する割合 + 30代で再婚する割合）÷ 10年間 ÷ 2
+ 40代の人口 ×（40代で結婚する割合 + 40代で再婚する割合）÷ 10年間 ÷ 2
+ 50代の人口 ×（50代で結婚する割合 + 50代で再婚する割合）÷ 10年間 ÷ 2

続いて、世帯数に注目するとこんな式も作れます。

❷ 日本の年間結婚組数
= 2人以上で住んでいる世帯数 × 結婚10年以内の夫婦の割合 ÷ 10年間

子どものいる人はほぼ「結婚」しているはずなので、子どもの数に着目して、こんな式も考えてみました。

❸ 日本の年間結婚組数
  ＝ 1 学年の子どもの数 ÷ 1 組の夫婦が産む子どもの数の
    平均

年間の定義を直近 1 年間として、1 学年に絞って考えてみます。

❹ 20 代・30 代の 1 学年の人口 × 生涯結婚回数の平均 ÷ 2

この式でもよい推定ができそうですね。

そして、結婚といえばブライダル業界！　目線をガラッと変えて、結婚式場に注目してみます。
結婚式は土日や祝日の開催が多いと思うので、

❺ 日本の年間結婚組数
  ＝ 結婚式場の数 ×（土曜日の数 × 1 日の結婚式の回数
    ＋ 日曜日 & 祝日の数 × 1 日の結婚式の回数）× 結婚
    した組数／結婚式を挙げた組数

という式もできそうです。

さて、いろいろな候補が出ましたが、どれが一番よさそうでしょうか？
今回は、一番大変そうだけど、一番説得力がありそうな❶でまず推定。そのあと、目線の違う❺でも解いてみようと思います。

☑ 手順 3：言葉の式に値を代入して計算しよう

それでは、❶の式で計算してみましょう！

> ❶ 日本の年間結婚組数
> ＝ 20 代の人口 ×（20 代で結婚する割合 ＋ 20 代で再婚
> する割合）÷ 10 年間 ÷ 2
> ＋ 30 代の人口 ×（30 代で結婚する割合 ＋ 30 代で再
> 婚する割合）÷ 10 年間 ÷ 2
> ＋ 40 代の人口 ×（40 代で結婚する割合 ＋ 40 代で再
> 婚する割合）÷ 10 年間 ÷ 2
> ＋ 50 代の人口 ×（50 代で結婚する割合 ＋ 50 代で再
> 婚する割合）÷ 10 年間 ÷ 2

これまで得た知識を思い出してみましょう！
世代別の人口は、LEVEL 2 ではざっくりこんな感じでしたね。

● 20 ～ 39 歳の人口（1 学年 120 万人 ～ 150 万人）
　1 学年の平均 130 万人 × 20 歳分 ＝ 2600 万人
● 40 ～ 59 歳の人口（1 学年 150 万人 ～ 200 万人）
　1 学年の平均 175 万人 × 20 歳分 ＝ 3500 万人

　晩婚化という言葉もありますし、10 代で結婚する人の割合は多くない印
象なので、今回は除外して考えます。

今回は計算しやすいように、
次ページのように人数をな
らして進めてみます。

● 20代の人口 = 2600万人 ÷ 2 = 1300万人 ≒ 1000万人
● 30代の人口 = 2600万人 ÷ 2 = 1300万人 ≒ 1000万人
● 40代の人口 = 3500万人 ÷ 2 = 1750万人 ≒ 1500万人
● 50代の人口 = 3500万人 ÷ 2 = 1750万人 ≒ 1500万人

　結婚する割合と再婚する割合は、学校の40人クラスで何人が該当するかで考えてみたいと思います。

　自分や知人がいつ結婚したかで考えてみると、こんな感じになりました！

● 20代で結婚する割合 = 10/40
● 20代で再婚する割合 = 0/40

● 30代で結婚する割合 = 10/40
● 30代で再婚する割合 = 2/40

● 40代で結婚する割合 = 5/40
● 40代で再婚する割合 = 1/40

● 50代で結婚する割合 = 1/40
● 50代で再婚する割合 = 1/40

数値の手がかりになるのは、自分の経験。自分や周りの人の状況から考えてみましょう。

さあ、材料はそろいました！

❶ 日本の年間結婚組数
= 20 代の人口 × (20 代で結婚する割合 + 20 代で
　再婚する割合) ÷ 10 年間 ÷ 2
　+ 30 代の人口 × (30 代で結婚する割合 + 30 代で
　再婚する割合) ÷ 10 年間 ÷ 2
　+ 40 代の人口 × (40 代で結婚する割合 + 40 代で
　再婚する割合) ÷ 10 年間 ÷ 2
　+ 50 代の人口 × (50 代で結婚する割合 + 50 代で
　再婚する割合) ÷ 10 年間 ÷ 2
= 1000 万人 × (10/40 + 0/40) ÷ 10 年間 ÷ 2
　+ 1500 万人 × (10/40 + 2/40) ÷ 10 年間 ÷ 2
　+ 1500 万人 × (5/40 + 1/40) ÷ 10 年間 ÷ 2
　+ 1500 万人 × (1/40 + 1/40) ÷ 10 年間 ÷ 2
= 1000 万人 × 10/40 ÷ 10 年間 ÷ 2 + 1500 万人 ×
　20/40 ÷ 10 年間 ÷ 2
= 1000 万人 /80 + 1500 万人 /40
= 1000 万人 + 3000 万人 /80
= 4000 万人 /80
= 50 万組

> 計算しやすくするため、
> 人口が同じ数字 30 ～ 50
> 代の結婚・再婚の割合を
> まとめる
> (12/40 + 6/40 + 2/40
> = 20/40)

今回の答え：50 万組

　日本の人口が 1.2 億人なので、毎年約 8 ％の人が結婚しているというこ
とですね。
　正直これはピンとこない！　別の言葉の式でチェックです！

133

☑ 手順 4：別の言葉の式に値を代入して計算しよう

さて、今回は結婚式場に注目して、

❺ 日本の年間結婚組数
＝ 結婚式場の数 ×（土曜日の数 × 1 日の結婚式の回数 ＋ 日曜日 & 祝日の数 × 1 日の結婚式の回数）× 結婚 した組数／結婚式を挙げた組数

この式で推定してみましょう。

まずは結婚式場の数の推定。
結婚式は、遠方から参加する人のことを考えると、新幹線が停まる駅の周辺に集まっている気がします。
新幹線が停まる駅が各都道府県に平均 2 駅として、それぞれの駅の周辺に 10 会場くらいあると仮定しましょうか。

結婚式場の数
＝ 47 都道府県× 2 駅× 10 会場
＝ 940
　計算しやすいように、今回は **1000 会場**としましょう。

　続いて、式の回数の推定。
1 年＝ 365 日なので、
1 週間は 365 ÷ 7 ＝ 約 52 週。
　計算しやすいように 50 週と考えて、
● **土曜日の数 ≒ 50 日**
● **日曜日 & 祝日の数 ≒ 70 日**
と仮定します。

1日の結婚式の回数は、1つの会場に式場が複数あるところも多いと思うので、仮に3式場あるとして、

● 土曜日は1日2回
● 日曜日＆祝日は1日5回

式を挙げられると仮定しましょう。

　最後に、結婚した組数／結婚式を挙げた組数について。
　どの世代も結婚式への憧れがありそうなので、結婚した組数のうち90%の人が式を挙げるとすると、

結婚した組数／結婚式を挙げた組数＝100/90 になりました。

　さあ、材料はそろいました！

❺ 日本の年間結婚組数
　＝ 結婚式場の数 ×（土曜日の数 × 1日の結婚式の
　　回数 ＋ 日曜日＆祝日の数 × 1日の結婚式の回数）
　　× 結婚した組数／結婚式を挙げた組数
　＝ 1000 会場 ×（50 日 × 2 回 ＋ 70 日 × 5 回）
　　× 100/90
　＝ 1000 会場 × 450 回 × 100/90
　＝ 50 万組

今回の答え：50 万組

　なんと❶と❺の数値がぴったり同じに！　これはテンション急上昇です！　しっかり計算したかいがありました！

　今回のタカタ先生のフェルミ推定は、
日本の年間結婚組数 ＝ 50 万組でファイナルアンサー！

☑ 手順5：実際の値と比較してみよう

今回の推定で使った数値をいろいろ検索してみました！
タカタ先生の推定値と実際の値を比較してみると……こんな感じです！

	タカタ先生の推定値	実際の値
日本の年間結婚組数	50万組	53万組（2020年時点。年によってかなりばらつきがある）
20代で結婚する割合	10/40（25%）	6.2%
20代で再婚する割合	0/40（0%）	0.3%
30代で結婚する割合	10/40（25%）	3.3%
30代で再婚する割合	2/40（5%）	0.7%
40代で結婚する割合	5/40（12.5%）	0.5%
40代で再婚する割合	1/40（2.5%）	0.4%
50代で結婚する割合	1/40（2.5%）	0.1%
50代で再婚する割合	1/40（2.5%）	0.3%
新幹線の駅の数	100	107
結婚式場の数	1000（施設数）3000（会場数）	1533（施設数）3252（会場数）
日曜日＆祝日の数	70日	日曜日 52〜53日 祝日 16日
結婚式を挙げる割合	90%	80.1%（挙式以外のウエディングイベントを含む）※ここ数年は新型コロナウイルスの影響で低い

　年によってばらつきがあるとはいえ、ばっちり精度のよい推定ができました!　それぞれの数値もかなり近くていい感じです。意外だったのは結婚式を挙げる割合。新型コロナウイルスの影響のような**時事情報を織り込めると説得力アップにつながる**ので、意識してみましょう!

　ちなみに、1 組の夫婦が産む子どもの数（2021 年）は 1.76 人でした。計算しやすいように 2 人として、今回解かなかった❸の式を使うと

❸ 日本の年間結婚組数
　＝ 1 学年の子どもの数 ÷ 1 組の夫婦が産む子どもの数の平均
　＝ 100 万 ÷ 2
　＝ **50 万組**
なんと超簡単に推定できました!　式の選択をミスってしまった!

ということで、今後も使えそうな情報としてはこんな感じです!

覚えておきたい関連情報

● 年間結婚組数 ＝ 50 万組（結婚する人数は 100 万人）
● 新幹線の駅の数 ＝ 100
● 日曜日 & 祝日の数 ＝ 70
● 1 組の夫婦が産む子どもの数の平均 ＝ 2 人

この勢いで次の問題も解いてみましょう!

正直この問題は、言葉の式を作るのがこれまでで一番難しかったです……。でも、その分ばっちり解けたときの達成感は最高!関連情報は幅広い問題で使えそうなので、ぜひ覚えておきましょう!

LEVEL 11 日本の美容師 & 理容師の人数は？

　続いては散髪に注目してみましょう。現代では、校則などで規制されている場合はありますが、基本的には自由に髪型を決めることができますね。「髪は女の命」という言葉もありますが、男女問わず、髪型が変わればその人の印象もガラッと変わります。

　髪型がうまく決まったときはテンション上がりますし、逆に髪型が決まらないと気分が落ち込む人も多そう。髪は我々の感情にまで影響を与えているのです。今回はそんな髪型を整えるプロについて考えてみましょう！

　さて、ここで問題！　日本の美容師＆理容師の人数は何人でしょう？

ヒント

1 「美容師 & 理容師」を自分なりに定義しましょう。

　仕事としてお客さんを散髪する人は「美容師もしくは理容師」と定義して問題ないと思います。では、ヘアメイクさんは？　見習いの人やバイトの人は？　美容師学校に通っている学生さんは？　はたまた、ヘアスパなどの髪のメンテナンスを専門にやっている人は？　どう定義すると一番説得力があるでしょうか？

2 言葉の式を複数作ってみましょう。

　この問題は、複数のアプローチができます。どの式が一番説得力のある数値を代入できそうか考慮して、言葉の式を決定してください。また、選ばなかった式でも答えを求めてみましょう。複数の答えが半分〜2倍の範囲に収まっていれば、かなり信用できる値といえます。

3 これまで求めた場所や人数と比較するのも有効です。

　幅広いジャンルの問題を解いてきて、知っている知識もずいぶん増えたはず！　自分の武器をフル活用しましょう！

4 数値の手がかりになるのは、あなたの経験です。

　自分がこれまで髪を切ってもらったときの体験をもとに、より説得力のある数値を選びましょう。

☑ 手順1：前提を定義しよう

●「美容師 & 理容師」の定義

　ヒントで挙げたように、髪を切る職業はいろいろありそうですが、学生さんはまだお仕事として美容師や理容師をしているわけではないし、ヘアメイクさんは髪以外のお仕事も多そう。

　今回はシンプルに、**美容師 & 理容師＝店舗でお客さんに散髪をしている人**と定義します。

> 実は「美容」と「理容」の違いは法律（美容師法、理容師法）で決まっています！
> ●美容：パーマネントウェーブ、結髪、化粧等の方法により、容姿を美しくすること
> ●理容：頭髪の刈込、顔そり等の方法により、容姿を整えること
> ヒゲそりなど、シェービングをできるのは理容師さんだけってことですね。

139

☑ 手順2：言葉の式を作ろう

それでは、「日本の美容師 & 理容師の人数」を求める言葉の式を作ってみましょう。

真っ先に思いつくのは、店舗の数に注目する求め方でしょうか。

❶ 日本の美容師 & 理容師の人数
＝ 店舗の数 × 1つの店舗で働く人数

また、美容師 & 理容師さんが散髪する人数と、お客さんが散髪される回数に注目すると、次の式も立てられます。

❷ 日本の美容師 & 理容師の人数
＝ お店で散髪する人口 × お客さん1人当たりが年間で
散髪に行く回数 ÷ 美容師 & 理容師1人当たりが年間
で散髪する回数

はたまた、美容師さんや理容師さんを輩出する学校に注目すると、

❸ 日本の美容師 & 理容師の人数
　＝ 美容師や理容師の学校の数 × 1 学年の生徒数 × 生徒
　　のうち美容師や理容師になる割合 × 美容師 & 理容師
　　の勤労年数

就業人口に着目すれば、こうした式もできそうです。

❹ 日本の美容師 & 理容師の人数
　＝ 就業人口 × 美容師 & 理容師の割合

　さて、いろいろな候補が出ましたが、どれが一番よさそうでしょうか？
今回は❷でしっかり推定。追加で❶❸❹もスピード重視で推定し、チェックしてみようと思います。

コンサル系などの面接対策をしたいときは、
フェルミ推定の精度を高めることに加えて、
速く解けるように意識して練習しましょう！

☑ 手順3：言葉の式に値を代入して計算しよう

　それでは、まずは散髪回数に注目して、この式でフェルミ推定してみましょう。

❷ 日本の美容師 & 理容師の人数
　＝ お店で散髪する人口 × お客さん1人当たりが年間で
　　散髪に行く回数 ÷ 美容師 & 理容師1人当たりが年間
　　で散髪する回数

　まずはお店で散髪する人口 について考えます。
　どんな人がお店で散髪するかを考えると、子どもの頃は家で親が散髪していて、美容室や理容室デビューは小学生から！　という人も少なくないはず。大人でも自分で髪を切っている人はいますね。手がかからない丸坊主にしている人もいますし、年配の方は若い人に比べて散髪に行かなくなる人も増えている気がします。
　ということで、お店で散髪する人口 ＝ その年代の平均人口 × その年代で、お店で散髪する人の割合で考えていきましょう。46ページの LEVEL 2でゲットした、年代ごとの人口の知識から1学年の平均をざっくり考えて計算してみます。80歳以上でお店に散髪に行く人の割合はかなり少ないと思うので、今回は除外します。

● 3〜6歳 ＝ 100万人 × 4学年 × 50/100 ＝ 200万人
● 小学生 ＝ 100万人 × 6学年 × 70/100 ＝ 420万人
● 中高生 ＝ 100万人 × 6学年 × 90/100 ＝ 540万人
● 19〜30歳 ＝ 130万人 × 12年 × 90/100 ＝ 1404万人
● 31〜60歳 ＝ 150万人 × 30年 × 90/100 ＝ 4050万人
● 60〜80歳 ＝ 150万人 × 25年 × 80/100 ＝ 3000万人

　これを合計すると、200万人＋420万人＋540万人＋1404万人＋4050万人＋3000万人で、合計 **9614万人** になります。
　このあとの計算がしやすいように、**1億人** としましょう。

　続いて、お客さん1人当たりが年間で散髪に行く回数。
　これも個人差が大きそう！　定期的に散髪する人の他に、イベントの直前に駆け込むという人も多そうです。

　このあたりの回数をならして、
●定期的に散髪に行く：月1回 ＝ 年12回
●特別な日などに、不定期に散髪に行く：年3回
と仮定し、今回は**年15回**としましょう。

　最後に 美容師＆理容師さん1人当たりが年間で散髪する回数を推定します。1日8時間働くとすると、勤務時間は480分勤務。40分で1人のお客さんに対応するとしたら、1日では 480 ÷ 40 ＝ 12 回になります。

　年間の勤務日数を250日とすると、
12 × 250 ＝ 6 × 500 ＝ **3000回**と求めることができます。

　さあ、材料はそろいました！

❷ 日本の美容師＆理容師の人数
　＝ お店で散髪する人口 × お客さん1人当たりが
　　年間で散髪に行く回数
　　÷ 美容師＆理容師1人当たりが年間で散髪する回数
　＝ 1億人 × 15回 ÷ 3000回
　＝ 50万人

今回の答え：50万人

　都道府県の数が47なので、1都道府県に1万人ぐらいいる、という計算になりますが、どうですか？　他の式でもぱっとチェックしてみましょう！

☑ 手順 4：別の言葉の式に値を代入して計算しよう

今回はスピード重視で 3 通りの推定をしてみます。
まずは店舗の数に注目した場合。

❶ 日本の美容師 & 理容師の人数 = 店舗の数 × 1 つの店舗で働く人数

店舗の数はぱっと思いつかないので、別の施設と比較してみましょう。
日本の小学校の数は 2 万校でしたね。
小学校の数よりも髪を切る店舗は多いイメージなので、小学校の 3 倍の店舗があると仮定してみます。
2 万校 × 3 ＝ 6 万店舗

1 つの店舗で働く人数は、小さいところだと 1 人、多いところだと 11 人くらいでしょうか。
今回は間をとって 6 人としましょう。

この数字を入れていくと、次のようになります。

日本の美容師 & 理容師の人数
= 店舗の数（6 万店舗）× 1 つの店舗で働く人数（6 人）
= 36 万人

今回の答え：36 万人

次は美容師さんや理容師さんになりたい人が通う、学校に注目！

❸ 日本の美容師 & 理容師の人数
＝ 美容師や理容師の学校の数 × 1 学年の生徒数 × 生徒のうち美容師や理容師になる割合 × 美容師 & 理容師の勤労年数

美容師や理容師の学校は、テレビ CM でも見かけるので各都道府県に 2 校はありそう。47 × 2 ＝ 94 校ですが、計算しやすいように **100 校**と仮定します。

1 学年の生徒数は、各学年 2 〜 3 クラスあると仮定して、**100 人**としましょう。

専門学校でしょうから、生徒のうち、実際に美容師や理容師になる割合は多いはず。**8/10** と仮定してみます。

勤労年数も一般的な定年が 60 歳なので、20 歳から働き始めたとして、**40 年**と仮定しましょう。

それでは、これらの数字を入れていきましょう！

日本の美容師 & 理容師の人数
＝ 美容師や理容師の学校の数（100 校）× 1 学年の生徒数（100 人）× 生徒のうち美容師や理容師になる割合（8/10）× 勤労年数（40 年）
＝ 32 万

今回の答え：32 万人

最後は就業人口に着目したこの式ですね！

❹ 日本の美容師＆理容師の人数
＝ 就業人口 × 美容師＆理容師の割合

就業人口については、❸と同様に、20 〜 60 歳の人口で考えていきましょう。

1 学年の平均は、20 〜 39 歳が 130 万人、40 〜 59 歳は 175 万人でした。就業人口という点では後者のほうが多そうなので、今回はこちらの数字を使います。そうすると、175 万人 × 40 年 ＝ 7000 万人と求められました。

美容師＆理容師の割合は、小学校の学年で考えると、1 学年 100 人のうち、親が美容師＆理容師の子は 1 人いるかいないかくらいのイメージです。今回は 1/100 と仮定します。

これらの数字で計算してみましょう！

日本の美容師＆理容師の人数
＝ 就業人口 (7000 万人) × 美容師＆理容師の割合 (1/100)
＝ 70 万

今回の答え：70 万人

ということで、答えは 32 万〜 70 万人の幅で収まりました。

平均値が 47 万ですし、使った数値の説得力を考えても今回は❷がよさそうです。

今回のタカタ先生のフェルミ推定は、

日本の美容師＆理容師の人数 ＝ 50 万人でファイナルアンサー！

☑ 手順 5：実際の値と比較してみよう

今回の推定で使った数値をいろいろ検索してみました！
タカタ先生の推定値と実際の値を比較してみると、こんな感じです。

	タカタ先生の推定値	実際の値
日本の美容師＆理容師の人数	45 万人	76 万人（美容師 55 万人 ＆ 理容師 21 万人）
お店で散髪をする人口	9000 万人	？？？
お客さんが年間で散髪される回数	15 回	4.3 回 （0 回の人も含めている）
美容師＆理容師が 1 日に散髪する回数	12 回	理容室の利用者： 平日 5.8 人、休日 8.6 人 美容室の利用者： 平日 5.5 人、休日 7.3 人 （合わせた平均は 6.8 人）
美容師＆理容師が年間で散髪する回数	3000 回 （12 回 × 250 日）	1700 回 （6.8 × 250 日）
美容室・理容室の店舗の数	6 万	37 万 （美容室 25 万＆理容室 12 万）
美容師・理容師の学校の数	100 校	理容 90 校 美容 276 校
1 学年の生徒数	100 校 × 100 人 ＝ 1 万人	1 万 7 千人
日本の就業人口	7000 万人	6699 万人

う～ん……。結果だけを見れば、正解の 1/2 ～ 2 倍の範囲に収まっていますが、それぞれの値の推定はかなりズレがありますね。

美容室 & 理容室の数は 37 万店と、コンビニ（6 万店）の 6 倍以上もあるんですね！

お客さんの年間の散髪回数や、美容師 & 理容師の 1 日の散髪回数もほぼ 2 倍以上のズレがありました。

これは僕が 1000 円カットをよく利用するのが原因だと思います。1000 円カット、個人経営の美容室 & 理容室、大型サロンといった規模別に分けて考えるべきでしたね。

覚えておきたい関連情報

●日本の就業人口 = 7000 万人
●対象の種類や規模を意識するとさらに精度の高い推定ができる
●定義の段階で場合分けが必要

さて、次はいよいよ PART 3の最後の問題！
これまで得た経験や知識を駆使して解いてみましょう！

価格帯が異なるものは分けて考えたほうがよさそうですね！

LEVEL 12 コピー機の年間売上台数は？

PART 3の最後は、これまでで最も難易度が高い推定にチャレンジしましょう！ テーマはズバリ「コピー機」です。一家に1台あるほど身近ではないけれど、学校や塾や会社やコンビニなど、日本全国の至るところにありますね。

それでは問題！ 日本国内における、コピー機の年間売上台数は何台でしょうか？

ヒント

■ 「コピー機」を自分なりに定義しましょう。

コンビニに置いてある大型のものは、いかにも「コピー機」という感じがしますね。いっぽうで、家にある小型のものは「プリンター」でしょうか？ でも、最近のプリンターはコピー機能がついているものもあります。また、学校にはプリントを大量に刷る機械があった気がします。あれは「コピー機」と呼べるのでしょうか？

どこからどこまでが「コピー機」なのか、どう定義すると一番納得できるか考えてみましょう！

■ 言葉の式を複数作ってみましょう。

この問題は、複数のアプローチができます。どの式が一番説得力のある数値を代入できそうか考慮して、言葉の式を決定してください。また、選ばなかった式でも答えを求めてみましょう。複数の答えが半分〜2倍の範囲に収まっていれば、かなり信用できる値といえます。

■ 数値の手がかりになるのは、あなたの経験です。

家庭から学校、仕事先まで、さまざまな思い出の風景の中に存在するコピー機と照らし合わせながら、より説得力のある数値を選びましょう。

☑ 手順1：前提を定義しよう

●「コピー機」の定義

　家庭用プリンター、複合機、複写機、そしてコピー機……家電量販店のコピー機売り場を思い返すと、意外といろいろな名前の製品があった気がします。

　今回は「コピー機」がテーマなので、コピーができる製品であることは大前提ですよね。他の機能がメインになるものは外してみましょう。

　今回は、**オフィスにある「複合機」や、コンビニで見かける「マルチコピー機」は「コピー機」**。
　ヒントで例に挙げた、家庭にあるような、印刷やスキャン、コピーができる機械は「プリンター」。学校にある大量のプリントを一気に印刷する機械は「印刷機」として、「コピー機」には含まないことにします。

今回の「コピー機」の定義

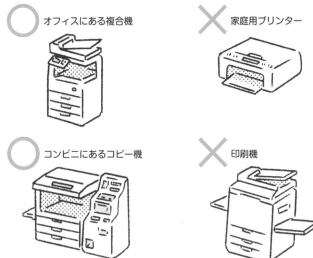

○ オフィスにある複合機　　　✕ 家庭用プリンター

○ コンビニにあるコピー機　　✕ 印刷機

☑ 手順2：言葉の式を作ろう

「コピー機の年間売上台数」を求める言葉の式を作ってみましょう！

まずは販売店目線で考えてみます。

コピー機の年間売上台数
＝ コピー機を売っているお店の数 × 1店舗の年間売上台数

また、製造会社目線で考えると、

コピー機の年間売上台数
＝ コピー機を製造する企業の数 × 1企業の年間製造台数 ×
**　　製造したコピー機が売れる割合**

という式も考えられます。

　しかし、コピー機を売っているお店の数や年間製造台数など、説得力のある数値を代入できそうにありません……。もうちょっと身近なところに視点を移して、今度は購入者目線で考えてみます。

　コピー機を購入する場面を考えると、新規で購入する以外に、故障して買い替えるパターンもあります。これはだいたい3～7年くらいのペースでしょうか。
　今回は間をとって、5年に一度買い替えると仮定してみます。

コピー機の年間売上台数
＝ コピー機の総数 ÷ 買い替えるペース
＝ コピー機の総数 ÷ 5

　シンプルだし、数字の根拠もこちらのほうが説得力が出せそうです。今回は購入者目線で式を作っていこうと思います。

　では、「コピー機の総数」を求める式を複数考えてみましょう。

　今回は「家庭用プリンター」は外して考えているので、「コピー機の総数」は「コンビニなどにあるマルチコピー機の数」と「オフィスなどにある複合機の数」の合計になりますね。

　「マルチコピー機の数」は「コンビニの数」と比較することで推定できそうです。「複合機の数」は、コピー機があるオフィスなどの「事業所の数」と比較することで推定できそう。「事業所の数」は「就業人口（働いている人の数）÷1つの事業所の人数」で推定できそうです。

　まとめると、

❶ コピー機の総数
　＝ マルチコピー機の数＋複合機の数
　＝ コンビニの数 × ○倍 ＋ 事業所の数 × △倍
　＝ コンビニの数 × ○倍 ＋ 就業人口 ÷ 1つの事業所の
　　人数 × △倍

　また、複合機の数は、1台の複合機を何人で使っているのかに注目することでも推定できそうです。

❷ コピー機の総数
　＝ マルチコピー機の数＋複合機の数
　＝ コンビニの数 × ○倍 ＋ 就業人口 × 複合機を使う人
　　の割合 ÷ 1台の複合機を使う人数

　今回は明らかに❶のほうが説得力がありますね。

　まずは❶でしっかりと推定値を求めてみましょう。そのあと、スピード重視で❷でも求めて、チェックしてみようと思います。

☑ 手順3：言葉の式に値を代入して計算しよう

コピー機の年間売上台数を求める式はこちらでしたね。

コピー機の年間売上台数
= コピー機の総数 ÷ 買い替えるペース
= コピー機の総数 ÷ 5

そして、コピー機の総数を求める式はこちら！

❶ コピー機の総数
= マルチコピー機の数 + 複合機の数
= コンビニの数 × ○倍 + 事業所の数 × △倍
= コンビニの数 × ○倍 + 就業人口 ÷ 1つの事業所の
人数 × △倍

まずは、マルチコピー機の数がコンビニの数の何倍あるのかを推定しましょう。

マルチコピー機がどこに置いてあるのかを思い浮かべると……コンビニ、スーパー、100円ショップ、役所、他にもまだあるかもしれません。コンビニの数の2～6倍といったところでしょうか。

今回は間をとってコンビニの4倍としておきましょう。

LEVEL 6でコンビニの数は6万店と学んだので、以下のように求められます。

マルチコピー機の数
= コンビニの数 × 4倍
= 6万店 × 4
= **24万台**

　続いて、複合機の数を求めるために必要な、事業所の数を推定しましょう。
日本の就業人口（働いている人数）は LEVEL 11［美容師＆理容師の人数］
と同じように、**7000 万人**で計算してみましょう。

　1 つの事業所の人数は、4 〜 30 人といったところでしょうか。
　間をとって 17 人とすると、

事業所の数
＝ 就業人口 ÷ 1 つの事業所の人数
＝ 7000 万人 ÷ 17 人
＝ 411.76……
≒ **400 万**

　では、複合機の数は、事業所の何倍でしょうか？
　半分くらいの事業所には複合機が置いてある気がします。大きな事業所
だと 2 台以上置いてある場合もあるかもしれませんね。
　今回はざっくり半分としましょう。

複合機の数
＝ 事業所の数 × 1/2 倍
＝ 400 万 × 1/2
＝ **200 万台**

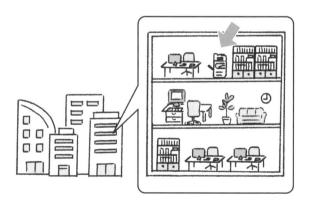

さあ、材料はそろいました！
まずはコピー機の総数から計算してみましょう。

❶ コピー機の総数
= マルチコピー機の数 + 複合機の数
= コンビニの数 × 4 倍 + 事業所の数 × 1/2 倍
= コンビニの数 × 4 倍 + 就業人口 ÷ 1 つの事業所の人数 × 1/2 倍
= 6 万店 × 4 倍 + 7000 万人 ÷ 17 人 × 1/2
= 24 万台 + 205.88 万……なので、
計算しやすいように複合機の数は 200 万として、
≒ 24 万台 + 200 万
= 224 万台

この数値を使って、コピー機の年間売上台数を推定しましょう。

コピー機の年間売上台数
= コピー機の総数 ÷ 買い替えるペース
= 224 万台 ÷ 5 年
≒ 225 万台 ÷ 5 年 ← 計算しやすくするため、
224 万台 → 225 万台とする
= 45 万台

今回の答え：45 万台

次ページでは、別の言葉の式で考えてみます！

☑ 手順４：別の言葉の式に値を代入して計算しよう

　次は、１台の複合機を何人で使っているのかに注目して推定していきましょう。

> ❷ コピー機の総数
> 　＝ マルチコピー機の数 ＋ 複合機の数
> 　＝ コンビニの数 × ○倍 ＋ 就業人口 × 複合機を使う人
> 　　の割合 ÷ １台の複合機を使う人数

　マルチコピー機の数、日本の就業人口は先ほど推定した値（24万台、7000万人）がそのまま使えますね。
　では、「複合機を使う人の割合」と「１台の複合機を使う人数」は、それぞれどれくらいでしょうか？

　「複合機を使う人の割合」の割合は、就業人口の半分よりは多い気がします。今回は、3/5 としておきましょう。
　また、「１台の複合機を使う人数」は、事業所の人数と同様にかなり差がある気がしますが、５〜35人といったところでしょうか。間をとって、今回は 20 人とします。

　さあ、材料はそろいました！

❷ コピー機の総数
＝ マルチコピー機の数＋複合機の数
＝ コンビニの数×４倍 ＋ 就業人口 × 複合機を使う人の割合 ÷ １台の複合機を使う人数
＝ ６万店× ４倍 ＋ 7000万人 × 3/5 ÷ 20人
＝ 24万台 ＋ 210万台
＝ **234万台**

この数値を使って、コピー機の年間売上台数を推定しましょう。

コピー機の年間売上台数
＝ コピー機の総数÷買い替えるペース
＝ 234 万 ÷ 5 年
≒ 235 万 ÷ 5 年 ← 計算しやすくするため、
234 万台→ 235 万台とする
＝ 47 万台

今回の答え：47 万台

おお‼　❶と❷の結果がほとんど同じ数値になりました！

どちらも就業人口をベースに求めたので、近い数値になるのは当然といえば当然ですが……複数の式で近い答えが出ると、信憑性も高まってうれしいですね。

今回は❶のほうが説得力がある気がするので、❶を採用することにしましょう。

今回のタカタ先生のフェルミ推定は、
コピー機の年間売上台数＝ 45 万台でファイナルアンサー！

☑ 手順5：実際の値と比較してみよう

今回の推定で使った数値をいろいろ検索してみました！
タカタ先生の推定値と実際の値を比較してみると、こんな感じです！

	タカタ先生の推定値	実際の値
コピー機の年間販売台数	45万台	45万台
コピー機の総数	224万台	226万台
1台のコピー機を使う人数	20人に1台	適正は40人に1台
事業所の数	400万	639万8912（民営事業所数）
日本の就業人口	7000万人	6699万人
コピー機の寿命	5年	5年

　検索してみると、国内・国外販売、日本製・海外製、オフィス用の大型・家庭用の小型とさまざまな情報が入り乱れていて、残念ながら今回定義した「コピー機」の年間売上台数のデータは見つかりませんでした。
　でも、ビジネス機器について、2022年の複写機・複合機の3カ月分の国内出荷台数が約11.3万台というデータはゲットできました。
　3カ月分 ＝ 11.3万台 なので、1年分の国内出荷台数を考えて、

1年（12カ月）分
＝ 3カ月分の4倍
＝ 11.3万台 × 4
＝ **45.2万台**

　これを今回の正解としましょう。

タカタ先生の推定は 45 万台だったので、精度は完璧だったといえるでしょう。もちろん正確なデータをゲットできていないので、45.2 万台を正解としてよいのかという疑問は残りますが、桁がズレるほど見当違いな数値ではないと思います。

　PART 3 の最後の問題で、有終の美を飾れてよかったです！

　今後も使えそうなデータとしては、「事業所の数」と「就業人口」でしょう。これはさまざまな推定で重宝しそうですね。ぜひ覚えておきましょう！

覚えておきたい関連情報

●事業所の数：600 万

　PART 3 ではビジネスの現場で求められそうな、お金・ビジネスに関するフェルミ推定にチャレンジしました。いろいろな情報やテクニックを詰め込んだので、少し胃もたれ気味かもしれませんね。PART 4 では、PART 3 で学んだことを消化＆吸収しやすくするために、フェルミ推定するうえでのポイントや注意点を説明します！

コラム　バク速計算術 ❷　○万×△万 の場合

突然ですが、問題です。次の掛け算の答えを、暗算で求めてください。

（1）30 × 800　　（2）70 万 × 40 万

（1）はいったん 0（ゼロ）は無視して 3 × 8 = 24 を求めたあと、右端に残った 0 を 3 個つけて、30 × 800 = 24000 = 2 万 4000 ですね。
（2）70 万× 40 万は…… 0 の個数を数えるのが面倒くさいですね。

実は、○万 × △万 の掛け算にもバク速計算術があるのです！
ポイントは「万 × 万 = 億」。1 万円札が 9999 枚あったら、9999 万円ですよね。これに 1 万円札を 1 枚加えたら、1 万円札が 1 万枚で 1 億円。つまり、1 万 × 1 万 = 1 億 です！
これを利用して、○**万** × △**万** = ○ × △**億** とすればいいのです。
（2）なら、70 万 × 40 万 = 70 × 40 億 = 2800 億 となります。
これなら暗算でできますね！

ちなみに、「万 × 万 = 億」と合わせて
・「万 × 億 = 兆」
・「万 × 兆 = 京（けい）」
・「万 × 京 = 垓（がい）」
・「億 × 億 = 京」
・「億 × 兆 = 垓」
も覚えておくとよいでしょう！
とらえどころのない大きな数値を概算するフェルミ推定はもちろん、大きな数のデータを扱うときにも役立ちます。

PART 4
思考力を鍛えるための
ヒント

次の章では、問題はちょっと一休み。
問題を解くうえで注意したいポイントや、
フェルミ推定がもっと向上するための
コツを紹介します。

フェルミ推定にひそむ罠を攻略しよう！

さて、ここまでの流れをおさらいしましょう。

PART 1では、「**フェルミ推定とはなんなのか？**」と「**フェルミ推定をマスターする意義**」をお伝えしました。
PART 2では、実際の問題をもとに、フェルミ推定を解くときの**基本的な考え方や手順**を解説。
PART 3ではレベルアップして、お金やビジネスにまつわる、より**実践的な問題**を解いてきました。

ここまで読み進めたあなたは、フェルミ推定をどうやって解くのか、その基本のフォームがだいたいわかったと思います。
このあとは、各自で実際にフェルミ推定を実践しながらフォームを固めることになるのですが、スポーツと同じく、変なクセがついた形でフォームが固まらないように気をつけなければいけません。

でも、こんなふうに思う人がいるかもしれません。

フェルミ推定って結局計算でしょ？変なクセなんてあるの？

はい、あります！
変なクセがつくと、推定の精度が下がったり、計算がいっこうに進まなくなったりします！　さらに、説明もわかりにくくなるので、あなたの評価は下がるいっぽう。いいことはなにもありません！

ということで、この PART 4では**フェルミ推定を実践するうえで陥りがちな5つの罠と、その対策（ヒント）**を紹介します。

そこからフェルミ推定で鍛えられる能力（思考力）を1つ1つ確認していきましょう。

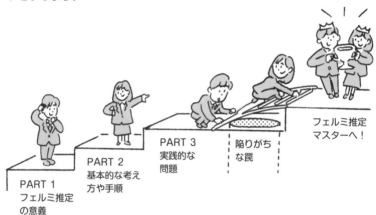

筋トレは、今自分が鍛えている箇所を意識することで、トレーニング効果が格段にアップするといいます。

フェルミ推定も、今自分が鍛えている能力を意識することで、トレーニング効果が格段にアップします！　思考力を鍛えるためのヒントをぜひつかみとってください！

次のページから、フェルミ推定を覚えた人が陥りがちな罠と、その対策を紹介します。それではいってみましょう！

ヒント 1 いきなり枝葉の部分から考えない

目の前のものから考えたくなるけど……

フェルミ推定をする際に、最初に陥ってしまいがちなのは、「**考えやすい枝葉の部分から考えてしまう**」という落とし穴です。

気持ちは痛いほどわかります。求めるものの全体は見当もつかないけれど、一部の要素や数値ならわかりそうだと考えて、ついつい細かいところから手をつけてしまう……。木を見て森を見ず状態になってしまうのです。

でも、フェルミ推定では規模の感覚をつかむことが大切。概算だからこそ、しっかり意識して考える必要があります。

PART 2 や PART 3 の問題から具体的な失敗例を見てみましょう。

たとえば、149ページの「日本にあるコピー機の年間売上台数」の問題。

コピー機が置いてある場所をこまごまと思い浮かべて、こんなふうに考えた人はいませんか？

> コンビニにはコピー機が置いてあった。コンビニは6万店あるから6万台あるなあ。それに、小学校にはコピー機が置いてある。小学校は2万校あるから2万台かあ。次は……。

……といった感じで、1つ1つ数え上げていったらどうでしょう？　他にもコピー機が置いてある場所はたくさんありますし、それを1つ1つ挙げ出したらきりがありません。

これまで登場した問題も、実際のデータはあまり知らなくても解けましたよね。せっかく今あるデータで8割説明できるのに、残りの2割を完璧に答えようとすると、本質を見失ってしまいます。

さらにいえば、この例ではコンビニや小学校の数は既に登場した知識だったのでぱっと求められました。しかし、知らない数値の場合はそれを求めるためのフェルミ推定が必要です。

つまり、フェルミ推定をするためのフェルミ推定、「フェルミ推定のマトリョーシカ」状態になってしまうのです！

まさに、木を見て森を見ず！　フェルミ推定の樹海に迷い込んで出られなくなっています！

最初の問題

問題を解くための要素1

要素1を求めるための要素A

要素Aを求めるための……！

PART 1からくり返しお伝えしている通り、**フェルミ推定は概算**していくもの。細部にこだわって掘れば掘るほど、よいフェルミ推定からは遠ざかっていくことを肝に命じて、思い切ってざっくりした数値のまま進めましょう。

ときには枝葉を切り捨てることも大切です。パターンを考えすぎて、時間切れにならないように注意しましょう！

　ちなみに、この落とし穴は、実は設問に対する予備知識が多い人ほど陥りやすいです。自分が知っている知識で求められる数値があると、ついついそっちを求めてしまうのです。

　フェルミ推定を実践し続ければ自然と血の通った知識が増えていくので、フェルミ推定の上級者ほどハマりやすい罠ともいえます。くれぐれも注意しましょう！

言葉の式を立てるときは、森を見る！

　では逆に、よいフェルミ推定をするためには、どのようなことを意識すればいいのでしょうか？

　答えは簡単です。「木を見て森を見ず」の逆で、「**木を見ず森を見る**」のです！

　「コンビニのコピー機の台数」や「小学校のコピー機の台数」といった木は見ずに、「日本にあるコピー機の台数」という森を見て、「これを求めるためにはどういう言葉の式が有効かな？」と考えるのが近道です。

　ここで、「言葉の式」についてもう少し深掘りしてみましょう。

　「言葉の式」に出てくる計算には大きく2種類あります。「足し算」と「掛け算」です。

　そして、この「足し算」が要注意なのです。

　例を2つ挙げてみます。

> ①日本にあるコピー機の台数
> ＝ コンビニのコピー機の台数 ＋ 小学校のコピー機の台数 ＋ 中学校のコピー機の台数 ＋ ……

　これは NG です。

②日本にあるコピー機の台数
＝オフィスのコピー機の台数＋オフィス以外のコピー機の台数

これはオッケーです。

この違い、わかりますか？

①は「木を見て森を見ず」、②は「木を見ず森を見る」です。
「足し算」を使う場合は、必ず結論（森）から考えて、結論を見失わない
ように注意しましょう。

求めたい問いの森

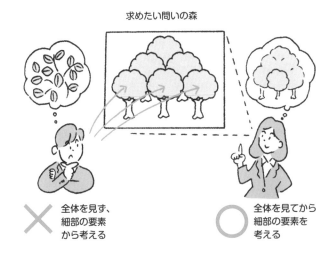

× 全体を見ず、
細部の要素
から考える

◯ 全体を見てから
細部の要素を
考える

167

そして、他の人に説明する際も、必ず結論を意識して説明するようにしましょう。そうすれば説明する側も、説明を受ける側も、フェルミ推定の樹海に迷い込むことはなくなると思います。

具体的な説明のしかたは、この章の最後でお伝えします。

フェルミ推定に必要なのは、少ない情報からでも仮説を構築する姿勢です。枝葉となる、細かい部分の正確性ばかり気にしていると、メインの問いからぶれてしまいがち。道からそれないように、時間を決めてとにかく結論を出すことも大切です！

ということで、フェルミ推定をする際は、**結論から考える**ことを意識しましょう。そうすれば、結論を外さない考え方が自然とできるようになり、わかりやすくて説得力のある説明やプレゼンに近づきます！

ヒント 2 細かいデータの正確性を求めない

ざっくり計算でオッケーなわけ

　フェルミ推定をする際に陥ってしまいがちな罠に、「**細かいデータの正確性を求めてしまう**」というものがあります。

　これも気持ちは痛いほどわかります。正確な数値を知っていれば、ついついドヤ顔で一の位まで言いたくなりますし、数値が詳細であればあるほど、よい推定になると錯覚してしまうものです。

　しかし、何度もお伝えしていますが、フェルミ推定は概算でオッケーなのです！

　PART 2 や PART 3 の問題から具体的な失敗例を見てみましょう。

　たとえば、138 ページの LEVEL 11「日本の美容師 & 理容師の人数」を求める問題。小学校の 1 つの学区内に美容院 & 理容院が何軒あるかに注目して、「日本にある美容院 & 理容院の数 ＝ 小学校の数 × 1 つの学区内の美容院 & 理容院の数」という言葉の式で求めるとしましょう。

　現在の小学校の数は、厳密には 2021 年時点で 1 万 9336 校だそうです。これはとても正確な数値ですね。データの出典も示せるなら、これ以上説得力のある数値はないでしょう。

　しかし、この数値を採用してしまうと、あとが大変です！
　1 つの学区内の美容院 & 理容院の数を 3 軒とした場合、

> **日本にある美容院 & 理容院の数**
> **＝ 小学校の数 × 1 つの学区内の美容院 & 理容院の数**
> **＝ 1 万 9336 × 3**

という計算をしないといけなくなります。

1万9336×3は計算ミスが怖い！　思わず電卓を取り出したくなりますね。これをもし人前で行うなら、なおさらこんな計算したくありません。

また、こんな細かいデータを使ったフェルミ推定を、説明される側の立場になってみてください。面接でもビジネスでも、たいていの場合が口頭での説明です。5桁の**細かい数字なんて、耳で聞いても頭に入りません**。

相手は「小学校の数は1万9336校です」と言われた時点で眉間にシワがより、「1万9336×3を計算して……」と言われる頃には、数値はもう頭に残っておらず、晩ごはんはなにを食べようか、と考えています。

小学校の数は1万9336校なので、×3すると、えっと……
今計算するので待ってください。

はい、がんばって
解いてくださいね。

この1万なんとかが……あれ、そもそも何の数字だっけ？

ちなみにこの落とし穴も、やはり知識が多い人ほど陥りやすいです。

人間は、持っている知識を他人に披露できそうな場面があったら、ついつい知っていますよ、とアピールをしたくなるのです。

しかし、あなたが知っている正確で詳細な数値を伝えたところで、満たされるのはあなたの虚栄心だけなのです！

知識があるのはいいことですが、残念ながらフェルミ推定においての細かい数値は百害あって一利なし！くれぐれも注意しましょう！

シンプルに求めればいいことばかり！

　では逆に、よいフェルミ推定をするためには、どのようなことを意識すればいいのでしょうか？

　答えは簡単です。**数値も説明もシンプルにする！**　これに限ります！

　フェルミ推定は概算でオッケーなので、説明される側への配慮にもなるのです。数値も説明も可能な限りシンプルに！　シンプルであればあるほど、聞く側も情報がすんなり頭に入ってそのあとの説明も聞く気になってくれます！

　今回の例でいうと、

① **「小学校は1万9336校」**
　これはNG。

② **「小学校は約2万校」**
　これもNG。

③ **「小学校は2万校」と断言する**
　これがベストです！

　そう言われて、こう思った人はいませんか？

> えっ!?　でも正確にはちょうど2万校ではないから、「小学校は約2万校」と言ったほうがいいんじゃない？

　いいえ、違います！

　フェルミ推定は概算なので、正確な値じゃないのは大前提なんです。だからわざわざ「約」と言わなくてもオッケー。多少の数字のズレは、許容範囲のうちなら大丈夫！

　そして、「小学校は約2万校」より「小学校は2万校」のほうが、シンプルでパワフルです！

　説明される側も、「小学校は2万校」と言い切ってもらったほうが、頭に入ってきます。フェルミ推定をする際は、"脱「約」"を目指しましょう！

　フェルミ推定にも大切な因数分解は、計算の対象となる要素を複数の数値に分解します。

　しかし、通常の数学と違い、フェルミ推定では具体的な細かい数値ではなく視野の広さが求められます。

　なにを母数にすれば、相手を納得させる数値を導けるかを考えることが大切。複数の着眼点から、適切な値を代入しましょう。

フェルミ推定をする際は、**数値も説明もシンプルにする**ことをひたすら意識することが重要です。そうすれば、シンプルな思考が自然とできるようになり、わかりやすくて説得力のあるプレゼンも可能になります！

ヒント 3 大きな問いのまま 考え込まない

フェルミ推定は知識がなくても解ける？

　ヒント1で、「考えやすい枝葉の部分から考えてしまう」という落とし穴を紹介しましたが、いっぽうで**「大きな問いのまま考え込んでしまう」**という落とし穴もあります。具体的な失敗例を見てみましょう。

　たとえば、127ページで挑戦した、LEVEL 10「日本の年間結婚組数」。あなたならどのような言葉の式を作りますか？
　実際に僕自身も苦戦しましたが、正直これは、かなり難しいと思います。いきなり「日本の年間結婚組数」自体を求めようとすると、ひらめくのをひたすら待って、いつまで経っても手が動かないでしょう。そうなってしまうと最悪です。

　ちなみにこの落とし穴は、完璧主義な性格の人が陥りがちですね。最初の方針がひらめくのをひたすら待つ、いわゆる「降りてくるの待ち」状態！運よく降りてくればいいですが、降りてこなければスタート地点から一歩も動くことができなくなってしまいます。

　では逆に、よいフェルミ推定をするためには、どのようなことを意識すればいいでしょうか？
　答えは簡単です。**できることをやる**！　求めるのに必要な情報がわからなくても、そのときの自分が持っているデータを使えばいいのです。

✕　ひらめき待ち

○　できることをやろう

一番手っ取り早いのは「要素分解」ですね。

例として、PART 2 と同じく、日本の年間結婚組数を「年代」という要素で分解してみます。

> **日本の年間結婚組数**
> **＝ 10 代で結婚 ＋ 20 代で結婚 ＋ 30 代で結婚 ＋ 40 代以上**
> **で結婚**

このように分けることができますね。

「年代」の他にも「性別」や「地域」、「1 人世帯 or 2 人以上世帯」も、王道の「要素分解」です。

大きな問いのままでは求めにくかったものが、要素分解して小さな問いにすることで求めやすくなることはよくあります。

ただ、あまりに細かく要素分解すると、今度は枝葉ばかりを気にする落とし穴にハマってしまうので要注意です。

また、**「問いを変える」**という高等テクニックもあります。

今回の問題でいうと、「年間結婚組数」は求めにくいですが……たとえば、結婚したあとの家族を想像してみましょう。

日本において、子どもの親は結婚していることがほとんどですから、ここからなんとかして求めることはできないでしょうか？

「1 年間で生まれる子どもの人数」は LEVEL 2 の知識から簡単に求められますから、あとは「1 年間で生まれる子どもの人数」から「年間結婚組数」を求めるロジックを見つければオッケー！

同じ問題であっても、地域、年齢、所得など、切り口はいろいろあります。

これが「問いを変える」です！

大きな問いのままで手が止まるなら、**別の数値を経由して「問いを変える」**ことで、手が動き始めるわけです。

では、実際に「1年間で生まれる子どもの人数」から「年間結婚組数」を求めてみましょう。

「1年間で生まれる子どもの人数」は夫婦の数 × 1組の夫婦が産む子どもの人数の平均で求められますね。ということは、式を変形させると、夫婦の数 = 1年間で生まれる子どもの人数 ÷ 1組の夫婦が産む子どもの人数の平均となります。

したがって、**日本の年間結婚組数＝1年間で生まれる子どもの人数÷1組の夫婦が産む子どもの人数の平均！** これで推定できそうです。

それぞれの要素は、
- **1年間で生まれる子どもの人数 = 1学年の子どもの数 = 100万人**
- **1組の夫婦が産む子どもの数の平均 = 2人**

このようにざっくり仮定します。

> 日本の年間結婚組数
> ＝1年間で生まれる子どもの人数
> 　　÷1組の夫婦が産む子どもの人数の平均
> ＝100万 ÷ 2
> ＝50万組

今回の答え：50万組

実際の値はご存知の通り、52万5490組なので、50万組はすごく精度が高い推定になりました！

しかも、**求め方もシンプルで、それぞれの数値にも説得力があります。**最高のフェルミ推定といえるでしょう。

ということで、**わからない問題に対して、ひらめくのを待っていても状況は好転しません**！

できることをやるべし！ これはフェルミ推定に限らず、さまざまな分野に共通する大鉄則だと思います！

数学が得意な人はひらめきの天才？

数学が苦手な人が、こう言っているのをよく耳にします。

「数学が得意な人 ＝ ひらめきの天才」で、凡人では思いつかないひらめきが天から降りてくるんでしょ！

いいえ、違います！　むしろ僕は、真逆だと思います。

僕は、学生時代のバイトも含めると数学教師を 20 年やってきて、オンラインも含めれば延べ 1 万人以上の生徒を指導してきました。その中で、数学が得意な人には、共通点があることに気づきました。
「数学が得意な人 ＝ 試行錯誤の天才」なんです！

わからない問題に直面したときに、数学が得意な人は「降りてくるの待ち」なんて絶対にしません。問題をよく読んで理解し、与えられた条件（スタート）と求めたいもの（ゴール）をしっかりと認識し、自分ができることを 1 つ 1 つ試していきます。

たとえば、具体的な数を代入してなにか規則性や法則がないかを探ったり、ゴールから逆算してなにがわかればたどり着けるのかを考えたり、自分が知っている解法パターンに当てはめてみてうまくいかないか試したり……。**とにかく手を動かしながら、問題の解像度を上げていく。**その試行錯誤の先に答えへの道が開かれるのです。

ということで、フェルミ推定をするときは、要素分解や問いを変えるなど、できることをひたすらやっていきましょう。自分の引き出しがどんどん増え、整理されます。

そして、問題によって適切な引き出しをスムーズに開けられるようになります。この能力は、フェルミ推定や数学に限らず、あらゆる場面であなたを助けてくれる強力な武器になるでしょう！

ヒント 4 | あれこれと考えすぎない

クオリティも重要だけど……

　フェルミ推定をする際に、「**あれこれと考え込んでしまって制限時間オーバー**」という落とし穴があります。

　考えた本人はいろいろな試行錯誤をしたので、ある種の達成感もあったりするのですが、厳しい言い方をすると制限時間オーバーは一番ダメです！ **答えを提示できなければ、それはなにもしていないのと同じなのです！**

　フェルミ推定を解く時間は、およそ5〜10分程度が目安です。時間切れによる失敗を避けるためにも、推定にかかる時間を見積もっておくようにしましょう。

　具体的な失敗例を見てみましょう。

　たとえば、LEVEL 6で考えた「日本のコンビニの年間総売上」を求める場合、あなたはどんな言葉の式を考えますか？

　今のあなたなら、人口に注目したり、面積に注目したり、お店の収支に注目したりするはずです。また、店舗数は小学校の数と比べてみよう、他の業界の売上と比べたらどうかなどと、アイデアは無数に出てくるはず。複数の言葉の式を作ることだって容易にできるでしょう。

　しかし、いくら言葉の式を作っても、数値を代入して計算しなければ、答えは出ないのです！　テスト勉強の計画をいくら綿密に立てても、計画立てるのに時間を使ってしまい、実行する時間がありませんでした、なんてことになっては本末転倒。

　基本の手順を思い浮かべて、自分が苦手なことに時間をかけられるよう、得意なこととの時間配分に気をつけましょう。

　実行するための時間も残しつつ、計画を立てなければいけません。タイムマネジメントはしっかりと！

　ちなみにこの落とし穴も、完璧主義な性格の人が陥りがちですね。向上心があるのはいいことですし、完璧主義といえばかっこよく聞こえなくもないですが、それだけ優柔不断だともいえます。

　フェルミ推定に絶対の正解はありません！　それにもかかわらず、「どの求め方がいいかな？　もっといい求め方はないかな？」と、いつまでも次の一歩を踏み出さないのは愚の骨頂！

　それに、フェルミ推定は思考プロセスを評価するので、数値が多少違っていることよりも、**答えをどう導き出したかのほうが重要**なんです。

　計算自体に重きを置くのではなく、前提の確認や、根拠を持って進めていくことが大切だと頭に入れておきましょう。

フェルミ推定に必要なのは「決断」！

　よいフェルミ推定をするために、意識しておくべきなのは**さっさと決断して、限られた時間で答えを出す**！　これしかありません！

「決意」と「決断」は似て非なる言葉です。僕の解釈はこうです。
- **決意 = 自らの意思を１つに決める**
- **決断 = 他を断って１つに決める**

　「決意」には、他の選択肢への未練が残っている感じがするんです。そうじゃなくて、決めたら、脇目も振らずやる！　だから僕は、**「決意」より「決断」**を強くオススメします。

　選択肢がいろいろあるときは、他を断って 1 つに決め、脇目も振らず答えを出すところまで走り切りましょう！

　そして、決断して答えを出せば、その答えの妥当性を検証することができます。答えを出さなければ気づけないことがたくさんあるのです！

　もし答えが怪しければ、他の求め方で答えを出して比較＆検証をすればいいのです！

　イギリスの歴史・政治学者のパーキンソンが人間の特性について提唱した『パーキンソンの法則』によると、「仕事は利用可能な時間の限界まで拡大する」そうです。

　要は、人間は締切を決めないと、いつまでもダラダラ仕事しちゃうよ！ということ。

　自分で締切を決めて、締切までにきちんとやり切る！　これはあらゆるビジネスにおいて、最も重要なことです！

　ちなみに、僕も締切を守るのはけっこう苦手です……。そんな僕がなにを偉そうに言っているんだという声が聞こえてきそうですが、自分が苦しんでいるからこそ断言できるんです！制限時間は守ろう！

　ということで、フェルミ推定をする際は、タイムマネジメントをしっかりして、**必ず制限時間を決めて、制限時間内に答えを出すこと**を絶対のルールにしましょう！

　ポイントは**決断**です！

　制限時間が5分であれば、答えを出すためにどのくらいの分解しかできないのか、肌感覚を持っておくしかありません。
　本書で取り上げた問題、日常や身の回りにあるもの・ことなど、どんどんトレーニングに利用してみてください。
　慣れは大切です！

> タイムマネジメント力と決断力がついて、日常的に締切を守れるようになれば、あなたの信用が増します。大事な仕事を任されるようになり、一流のビジネスパーソンに近づけますよ！

ヒント 5 ダラダラと説明しない

答えを推定したら終わり、ではない！

　就職面接でフェルミ推定の問題が出た場合、答えを出して終わりではありません。なぜそのような答えになったのかを口頭で説明し、いかに自分が説得力のある推定をしたかをアピールする必要があります。

　その際に陥ってしまいがちなのは、「**自分が考えたことをダラダラと全部説明してしまう**」という落とし穴です。

　僕自身、説明が長いとよく言われるので、これも気持ちは痛いほどわかります。言葉数を増やせば増やすほど、わかりやすく、説得力が増すと思ってしまうんですよね。しかし、これは大きな勘違いなのです！

　逆に、説明される側の立場になってみればよくわかります。
　話の全容が見えず、いつ終わるかわからない話をダラダラされるのは、苦行以外のなにものでもありません！　言葉数を増やせば増やすほど、人の心は離れていくことを肝に銘じておきましょう。

　では逆に、よい説明をするためには、どのようなことを意識すればいいのでしょうか？
　答えは簡単です。できるだけ**シンプルかつわかりやすく説明する**！

　そう言われて、こう思った人がいるのではないでしょうか？

でも、知っていることや伝えたいことが多すぎて……。つい一方向で長々と話しすぎてしまいます。親も友達も喜んで聞いてくれるし、相手も楽しんでくれるなら問題ないですよね！

残念ながら、仕事先の相手は、あなたの親でも友達でもありません！

説明を聞いてもらうことは、相手の貴重な時間を奪う行為です。

だから、自分のやり方を押しつけるのではなく、社会人のビジネスマナーとして、シンプルかつわかりやすく説明するための作法をきちんとマスターしましょう！

武道の世界には「**守・破・離**」という言葉があります。

まずは「守」。**既存の型を忠実に守る**こと。

そして、既存の型をマスターしたのちに「破」。**既存の型を破って、自分の型を模索する**こと。

自分の型の模索をくり返したのちに、「離」。**既存の型を離れて、自分の型が完成する**のです。

これは武道に限らず、あらゆる道を究めるときに、最も効率のよい手順だと言われています。

ビジネスの型であるフレームワークだけではオリジナリティは生まれません。

しかし、そもそもフレームワークを知らなければ、考えるべきポイントや全体像、ひいては本質的な課題を見失ってしまいます。基本の考え方はやはり練習が必要だと言えそうです。

人は誰しもオリジナリティに憧れます。しかし、いきなり自分の型でやろうとするのはイバラの道です。
最初は「守」！　とにかく「守」です！
既存の型を忠実に守って説明することを心がけましょう！

説得力がアップする説明のしかたを身につけよう！

それでは、シンプルかつわかりやすい説明の型を伝授します！

【シンプルかつわかりやすい！　フェルミ推定の説明の型】
①推定結果の数値を最初に言う
②（必要なら）言葉の定義
③言葉の式
④代入した数値
⑤計算結果
⑥（説得力が増すなら）別の求め方＆答え
⑦推定結果の数値を最後にもう一度言う

この型に沿って、LEVEL 3 で解いた「日本の小学校の先生の人数」のフェルミ推定を説明してみましょう。

①推定結果の数値を最初に言う

私は、小学生の先生の数 ＝ 50 万人と推定しました。

②（必要なら）言葉の定義

今回、「小学校の先生」の定義は、担任の先生に加えて、副担任の先生や専科の先生や校長先生などすべてを含めることにしました。

③言葉の式

今回は、小学校の先生の数 ＝ 小学校の数 × 1 校にいる先生の数、という式で求めました。

④代入した数値

まずは小学校の数を推定します。

小学校は公立・国立・私立がありますが、数としては圧倒的に公立小学校が多いと考えられるため、今回は公立小学校の数を考えます。

公立小学校の数は、日本の平地面積 ÷ 1 つの学区の面積で求めます。

日本の平地面積 ＝ 10 万 km^2、1 つの学区の面積 ＝ 4 km^2 と仮定して、

183

公立小学校の数

＝ 日本の平地面積 10 万 km² ÷ 1 つの学区の面積 4 km²

＝ 2.5 万校 と求めました。

続いて、1 校にいる先生の数を推定します。

1 学年のクラス数は 1 ～ 3 クラスが多いと思うので、間をとって 2 クラスとし、担任の数を 2 × 6 ＝ 12 人とします。

副担任の数は 1 学年 1 人とすると 6 人ですが、副担任がいない学校もあるので、今回は 4 人とします。

専科の先生は、各教科 1 人ずつ 2 教科いるとして、2 人とします。

司書教諭や養護教諭、校長先生や教頭先生はそれぞれ 1 人ずついるとすると 4 人になりますが、司書教諭や養護教諭、教頭先生はいない学校もあるので、今回は 2 人とします。これらをまとめて、

1 校にいる先生の数

＝ 12 ＋ 4 ＋ 2 ＋ 2

＝ 20 人 と求めました。

⑤**計算結果**

つまり、**小学校の先生の数**

＝公立小学校の数 2.5 万校 × 1 校にいる先生の数 20 人 なので、

＝ 2.5 万 × 20 クラス

＝ 50 万人

⑦**推定結果の数値を最後にもう一度言う**

よって、私は小学生の先生の数 ＝ 50 万人と推定しました。

> 面接やプレゼンなどを控えている人は、音読してシミュレーションするのもオススメです！

　この順番で話すと、まず結論を聞いた相手が答えの数字に興味を示し、そのあと順を追って自分の思考の過程を説明することで、聞く側もすっきり頭に入ります。

　実際には、このあと面接官や上司から追加の質問がくるかもしれませんし、今回はカットした⑥**（説得力が増すなら）別の求め方＆答え**を追加で解いてくださいと言われることもあります。
　そのときは、最初に解いた求め方と必ず比較して、どちらのほうが回答としてふさわしいかを理由もつけて答えられたら完璧です！

　不完全な部分を指摘されるのが怖く感じるかもしれませんが、むしろ「考える力」を見せるチャンスです。おそれずに、考えていることを相手に表現しましょう。

> 自分が陥りがちな罠はありましたか？　もしあっても、罠にハマらないように意識してトレーニングしていけば大丈夫です！　PART 5では、フェルミ推定マスターになるためのトレーニング方法について紹介します！

コラム 「相加平均」と「相乗平均」

　フェルミ推定では、「この数値は○〜△だから、間をとって◇にしよう！」のように数値を決めることがよくあります。

　ここで問題です！　次の下線部の値を求めてください。

> 日本人1人の靴の所有数をフェルミ推定したい。所有数が少ない人は1足を履き潰していて、所有数が多い人は100足くらい持っている。日本人1人の靴の所有数は、1〜100の間をとって、_____足。

　1と100の和を2で割ると、答えは50.5になりますが……問題に当てはめると、所有数が多い人の影響が強すぎる印象を受けます。

　実は、数学の世界には「相加平均」と「相乗平均」という2種類の間のとり方があります。解き方は次の通り。

- 2つの数の相加平均 = 足して2で割る
- 2つの数の相乗平均 = 掛けてルートをつける

　今回は、1〜100の間を1と100の相乗平均で考えてみましょう。

1〜100の間
　= $\sqrt{1 \times 100}$
　= $\sqrt{100}$
　= 10

　日本人1人の靴の所有数は、1〜100足の間を取って10足。こちらのほうがしっくりきますね。

　相加平均と相乗平均の使い分け方はさまざまですが、専門的な問題でなければ、2つの数が近い場合は相加平均、1と100のように数が多くてすぐにわからない場合は、上限と下限から考えて相乗平均を使うと、違和感なく求められることが多いと思います。状況を見て使い分けるのがオススメです！

PART 5
日常生活で
フェルミ推定マスターになる

フェルミ推定に必要な知識が身についたところで、
ここでは日常生活でのトレーニング方法を紹介します。
目指せフェルミ推定マスター！

日常生活でトレーニングしよう

　ここまで読み進めてくれた皆さんは、フェルミ推定に必要な知識は一通り学んだと言ってよいでしょう！

　しかし、残念ながら「わかる」と「できる」は大違いです。本で読んだ知識だけで、ビジネスという名の戦場を進むのはあまりにも無謀。学んだ知識を使いこなすためのスキルを身につけてはじめて、戦いの場に立つことができるのです。

　逆に考えると、フェルミ推定を使いこなすことができたら、ビジネスパーソンとして大きな武器を手に入れたことになります！
　フェルミ推定をマスターすれば、**問題解決のプロセスを選択して、それに必要な要素を導き出す**ことができるようになります。これは、ビジネスにおいて、とても大切な能力です。

　では、どうすれば「わかる（＝知識）」を「できる（＝スキル）」に変えることができるのでしょう？

　答えは簡単。
　毎日実践して、修正と改善をくり返す！　これしかありません。
　たとえば、計算力をつけようと思ったら、毎日計算ドリルを解きますし、漢字力をつけようと思ったら、毎日漢字ドリルを解けばいいですよね。いたってシンプル。

　フェルミ推定も同じです！
　本で調べたりインターネットで検索したりすれば、フェルミ推定の有名な問題がたくさん見つかります。
　それを毎日解けばいいのです！

　それに加えて超オススメなのが、「**自ら問題を作って、それを解く**」というトレーニング方法です。

　毎日生活する中で、さまざまな物や場所を目にしますよね。それらを題材にした問題を作り、フェルミ推定するのです！

　自ら作った問題を、己の知識や経験をフル動員してフェルミ推定し、推定後に実際の値を調べて、誤差があったら修正＆改善していく。

　これを積み重ねることで、自らの認識と現実のズレが少しずつなくなってくると思います。

---

　①**身の周りのものを題材にして問題を作る**
　②**フェルミ推定する**
　③**実際の値を調べてズレを確認し、自分の認識を修正＆改善する**

　これを習慣化し、日常的にくり返していけば、どんな人物になれると思いますか？

　自ら問いを立て、ズレの小さい数値を選択して論理的に答えを導き出せる人物。なんだかすごく仕事ができる人っていう印象ですよね！　そんな人材は企業も放っておかないでしょう。

　えっ？　そんな人に私もなりたい？
　それでは、さっそく実践してみましょう！

　PART 5では、タカタ先生のある1日をもとにしたフェルミ推定の問題を紹介します。問題を解きながら、日々の生活の中でフェルミ推定をどう組み込むのか、参考にしてみてください！

二度寝

ピピピピピッ！

スマホのアラームが鳴った。朝だ。布団の中でまどろむ至福の時間。今日は休日だから、もう少し寝ていられるけれど……いっそ二度寝してしまおうか？　という誘惑をぐっとおさえて、今日最初のフェルミ推定！

お題は「二度寝」で作問してみましょう！

☑ 問題を作ろう

目が覚めてから布団の中でダラダラする時間をかき集めたら、どれくらいの時間になるのでしょう？　これがわかれば、その時間を使って仕事や自分磨きをした場合の価値を確認できるから、ダラダラする自分への戒（いまし）めにもなるかもしれません。

ということで、最初の問題は「タカタ先生が二度寝する時間は年間何時間？」です。

さっそくフェルミ推定をしてみましょう！

☑ 手順1：前提を定義しよう

本来は「二度寝」とは睡眠状態に入っている場合を指すと思いますが、今回は目が覚めてから布団の中でなにをするでもなくダラダラする時間を調べたいので、次のように定義してみます。

二度寝する時間 ＝ アラームが鳴ってから、布団から完全に出るまでの時間

☑ 手順2：言葉の式を作ろう

今回は、式のバリエーションはあまりない気がします。

1日に注目して、

❶ 年間二度寝時間 ＝ 1日の平均二度寝時間 × 365日

1週間に注目して、

❷ 年間二度寝時間 ＝ 1週間の平均二度寝時間 × 52週

191

平日と休日に注目して、

> ❸ 年間二度寝時間 ＝ 平日の平均二度寝時間 × 平日の日数
> ＋ 休日の平均二度寝時間 × 休日の日数

こんな感じでしょうか。注目する時間の区切り方の差で、本質的には違いがない気はします。

本来は❸が一番よい推定だと思いますが、この文章を書いている時点で僕の仕事は平日と休日が非常に曖昧なので、❸は却下します。

今回は、まず❷で推定して、その後❶でぱっと推定して確認してみましょう！

☑ 手順3：言葉の式に値を代入して計算しよう

さて、まずは1週間に注目した❷の式で解いてみます。

> ❷ 年間二度寝時間 ＝ 1週間の平均二度寝時間 × 52週

二度寝している時間を思い出してみると、朝から仕事がある日は、5〜10分くらいまどろんでから起きています。午後から仕事の日や完全オフの日は、スマホを触って、30〜60分くらいダラダラしちゃう日も。

二度寝時間を週4で5分、週2で30分ダラダラ、週1で60分ダラダラとすると、

1週間の平均二度寝時間
＝ 5分 × 4 ＋ 30分 × 2 ＋ 60分 × 1
＝ 140分
＝ 2時間20分
＝ **2と1/3時間**

さあ、材料はそろいました！

❷ 年間二度寝時間
　＝1週間の平均二度寝時間（2と1/3時間）× 52週
　≒ 7/3 時間 × 51週 ← 3で割れるように
　　　　　　　　　　　52週 → 51週とする
　≒ 120 時間

今回の答え：120 時間

☑ 手順4：別の言葉の式に値を代入して計算しよう

次は1日に注目したこの式で解いてみましょう！

❶ 年間二度寝時間 ＝ 1日の平均二度寝時間 × 365日

❷から、1日の平均二度寝時間は 0 ～ 60 分なので、間をとると 30 分。
実際には 10 分以内に起きる日が多いので、30 分だとズレるかも。
　少し減らして、**平均二度寝時間 ＝ 20 分 ＝ 1/3 時間**とします。

さあ、材料はそろいました！

❶ 年間二度寝時間
　＝1日の平均二度寝時間（1/3時間）× 365日
　≒ 1/3 時間 × 360日 ← 3で割れるように
　　　　　　　　　　　365日 → 360日とする
　＝ 120 時間

今回の答え：120 時間

193

おお！ ❷の推定とまったく同じ数値になりました！

どちらかというと、しっかり場合分けした❷の推定のほうが説得力がありそうなので、❷を採用することにしましょう。

今回のタカタ先生のフェルミ推定は、
タカタ先生の年間二度寝時間 = 120 時間でファイナルアンサー！

☑ 手順 5 ：実際の値と比較してみよう

当然ながら、タカタ先生の年間二度寝時間は検索しても出てきません！そして、日本人の平均二度寝時間も正確なデータは見つかりませんでした。

ただ、二度寝についていろいろ調べてみると、医学的には（ダラダラではなく本当に寝るほうの）二度寝は 20 分以内がオススメらしいです。20分以上二度寝しちゃうと、逆に疲労が溜まってしまうという研究も！

新しい知識をゲットできましたね！

年間 120 時間なら、時給 1000 円としても年間 12 万円。40 年間で480 万円！ 1 年間仕事せずに暮らせそうな金額になることがわかりました。毎朝ちょっと布団の中でダラダラするのをやめれば、人生のどこかで1 年間ずっとダラダラし続けることができるってことか！

いや、結局ダラダラするんかい！ という声が聞こえてきそうです（笑）。覚悟を決めて布団から出ることにしました。

8:40 トレーニング ❷
ミネラルウォーター

　僕は朝起きたら、コップ1杯のミネラルウォーターを飲むことにしています。人間の60%は水でできているそうですし、健康や美容に気を使う人は、水にかなりお金を使っているらしいですね。

　自動販売機やコンビニやスーパーでも、必ずペットボトルのミネラルウォーターが売られています。

　僕自身、子どもの頃は水を買うという感覚が理解できませんでしたが、今は日常的に水を買っています。これは年齢によるものか、それとも時代によるものか……と考えたところで、今日2つ目のお題は「ミネラルウォーター」で作問してみます！

☑ 問題を作ろう

　僕が子どもの頃、30数年前はミネラルウォーターといえば1〜2種類だった気がしますが、最近ではスーパーなら5〜10種類くらい置いてある印象です。僕自身も、食料品を買うときはほぼ毎回一緒に買っています。

　では、1年のうち、国内でミネラルウォーターはどれくらい買われているのでしょう？　ということで、問題は「ミネラルウォーターの市場規模は何円？」にします！

☑ 手順１：前提を定義しよう

　お金を出して買う水といえば、ペットボトルのミネラルウォーター以外にも、ウォーターサーバーがありますが、今回はペットボトルのみにしましょう。

　また、中身の水にも水素水・シリカ水・温泉水・炭酸水など、いろいろなバリエーションがあります。水素水と炭酸水は人工的に水素や二酸化炭素を溶かしているので、ミネラルウォーターに含まないことにしましょう。

　ということで、**ミネラルウォーター ＝ ペットボトルで販売されている天然水**と定義します。

☑ 手順２：言葉の式を作ろう

　ミネラルウォーターに使う金額や、ミネラルウォーターの量に着目してみると、次の式が立てられました。

> ❶ ミネラルウォーターの市場規模
> 　＝ ミネラルウォーターを日常的に飲む人口 ×１週間にミネラルウォーターに使う金額 ×１年間の週の数
> ❷ ミネラルウォーターの市場規模
> 　＝ ミネラルウォーターを日常的に飲む人口 ×１週間で飲むミネラルウォーターの量 × 単位量当たりの値段 ×１年間にある週の数

　今回も式のバリエーションは少なそうです。どちらも本質的には同じ切り口ですね。

　今回は、まず❶で推定して、その後❷でサクッと推定して確認してみましょう！

☑ 手順3：言葉の式に値を代入して計算しよう

まずは❶の式から値を考えてみます。

> ❶ ミネラルウォーターの市場規模
> ＝ ミネラルウォーターを日常的に飲む人口 ×1週間にミ
> ネラルウォーターに使う金額 ×1年間の週の数

　ミネラルウォーターを日常的に飲む人口は、健康・美容意識が高そうな 30〜50代の女性の人数と同じくらいと仮定します。

　30〜59歳が30学年なので、女性の人数はその半分と考えると、LEVEL 2でゲットした知識をもとに、1学年150万人 ×30÷2 = 2250万人 と求められます。計算しやすいよう **2000万人** としましょう。

　1週間に使う金額は、1週間に買うミネラルウォーターを考えて、
● 家用に1週間で2Lペットボトル（100円）1本
● 持ち運び用に1週間で500 ml（100円）2本
とすると、**1週間に使う金額 = 300円** と仮定できます。

　1年間の週の数は、365日÷7日= 52.142……なので、計算しやすい ように **50週** としましょう。

　さあ、材料はそろいました！

> ❶ ミネラルウォーターの市場規模
> 　＝ ミネラルウォーターを日常的に飲む人口 ×1週間
> 　　にミネラルウォーターに使う金額 ×1年間の週の数
> 　＝ 2000万人 × 300円 × 50週
> 　＝ 0.2億人 × 300円 × 50週
> 　＝ 3000億円

今回の答え：3000億円

197

☑ 手順 4：別の言葉の式に値を代入して計算しよう

続いて❷の式について考えます。

> ❷ ミネラルウォーターの市場規模
> ＝ ミネラルウォーターを日常的に飲む人口 × 1 週間で飲
> むミネラルウォーターの量 × 単位量当たりの値段 ×
> 1 年間にある週の数

❶と同じく、ミネラルウォーターを日常的に飲む人口は 2000 万人、1 年にある週の数は 50 週としましょう。

1 週間で飲むミネラルウォーターは 3 L と仮定して、普段見かけるミネラルウォーターでは、1L の値段はだいたい 50 ～ 200 円。間をとって 125 円、今回は計算しやすいように 130 円としましょう。

さあ、材料はそろいました！

> ❷ ミネラルウォーターの市場規模
> ＝ ミネラルウォーターを日常的に飲む人口 (2000 万人)
> × 1 週間で飲むミネラルウォーターの量 (3 L) × 単位
> 量当たりの値段 (130円)×1 年間にある週の数 (50週)
> ＝ 6000 万 × 6500
> ＝ 3900 億円

今回の答え：3900 億円

おお！ ❶とかなり近い数値になりました！ 今回は❶の推定のほうが代入した数値に説得力がある気がするので、そちらを採用しましょう。

今回のタカタ先生のフェルミ推定は、
ミネラルウォーターの市場規模 ＝ 3000 億円でファイナルアンサー！

☑ 手順5：実際の値と比較してみよう

　調べてみたところ、2021年のミネラルウォーターの市場規模は3319億円でした。かなりいい精度！

　ちなみに炭酸水の市場規模は1014億円だそうです。炭酸水もここまで売れているのは意外です。

　さらに、ミネラルウォーターはここ20年で市場規模が4倍になっているそうです！　ミネラルウォーターを飲料水として日常的に飲む人は、少し古いデータですが2015年時点で24.6%だそうなので、今ならもっと多そうですね。

　しかし、海外と比較すると、日本のミネラルウォーター消費量（1人当たり年間35.4 L、1日100 ml）は圧倒的に少ないそう。それだけ日本は水道水のクオリティが高いってことですね！

小学校の体育のあとに、蛇口から直接ゴクゴク飲んだ水道水のおいしさは格別だったな〜。
いい精度で推定できたところで、次の問題を考えてみましょう！

PART 5 日常生活でフェルミ推定マスターになる

水を飲んだら、胃が動き出したのか、お腹がグルグル鳴り出しました。軽く朝食をとることにします。ちなみに、朝食の習慣は、発明王エジソンが作ったトースターの販売キャンペーンがきっかけで広まったそう。

パンをトースターにセットして、焼き上がるまでの時間を使って今日3つ目のフェルミ推定といきましょう！
お題は「パン」です！

☑ 問題を作ろう

僕は中高生の頃は圧倒的にごはん派で、ごはん＆味噌汁＆納豆＆前日の夕飯の残りを腹一杯食べていました。

しかし今は、朝はパンで軽くすますことが多くなりました。お米の消費量が減ったというニュースを耳にしたこともあるので、朝はパン派の人が増えているんでしょうね。

ということで、今回の問題は「朝、パンを食べる（＝パン派の）日本人は何人？」にしてみましょう！

☑ 手順１：前提を定義しよう

さて、今回定義が必要なのは、どこまでをパンとするかですね。

食パン・菓子パン・惣菜パンは、パンでオッケーでしょう。いっぽう、朝ごはんの定番のホットケーキやパンケーキは NG としましょう。

ということで、今回は**パン = 食パン・菓子パン・惣菜パン**と定義します。

☑ 手順２：言葉の式を作ろう

まずは世代に注目して式を立ててみます。

> ❶ パン派の人数
>   ＝ 0 ～ 19 歳のパン派の人数 ＋ 20 ～ 39 歳のパン派の人数 ＋ 40 ～ 59 歳のパン派の人数 ＋ 60 ～ 79 歳のパン派の人数 ＋ 80 歳以上のパン派の人数

148 ページの LEVEL 11 で、定義の偏りがあるときは、細かい場合分けがより精度を高めると学びましたね。年齢によってパン派の割合や朝食を食べる人の割合は変わりそうなので、こんな式を立ててみました。

次は世帯に注目して、

> ❷ パン派の人数
>   ＝ 1 人世帯でパン派の人数 ＋ 2 人以上世帯でパン派の人数

他にも、シンプルに全体をざっくりとらえるという考え方もありますね！

> ❸ パン派の人数
>   ＝ 日本の人口 × パン派の割合

今回は、まず❶で推定して、その後❸でぱっと、いいえパンパンパン！と推定して確認してみましょう！

☑ 手順 3：言葉の式に値を代入して計算しよう

それでは、まず❶の式で解いてみましょう。

> ❶ パン派の人数
> ＝ 0 〜 19 歳のパン派の人数 ＋ 20 〜 39 歳のパン派の人
>   数 ＋ 40 〜 59 歳のパン派の人数 ＋ 60 〜 79 歳のパン
>   派の人数 ＋ 80 歳以上のパン派の人数

各家庭の食卓に並ぶ朝食のうちパン派の割合＝ 50/100 と仮定します。また、46 ページの LEVEL 2 で、20 歳ごとの人口をゲットしましたね。今回はこの数字を参考にしながら、それぞれの年齢ごとのパン派の人数を計算していきます。

● 0 〜 19 歳のパン派の人数

0 〜 19 歳の人数 ＝ 1 学年 100 万人 × 20 歳分 ＝ 2000 万人でした。
0 〜 19 歳は、家族と一緒に家庭の食卓に並ぶ朝食を食べる人が多いと考えられるため、パン派の割合＝ 50/100 と仮定します。

2000 万人 × 50/100
＝ 1000 万人

● 20 〜 39 歳のパン派の人数

20 〜 39 歳の人数 ＝ 1 学年 130 万人 × 20 歳分 ＝ 2600 万人でした。
1 人暮らしの割合が多そうなので、朝食を食べる人の割合は 8 割とします。いっぽうで、パン派の割合はやや高めの印象。6 割としてみます。

まとめると、パン派の割合 ＝ 8/10 × 6/10 ＝ 48/100 なので、計算しやすいように 48/100 → 50/100 として、

2600 万人 × 50/100
＝ 1300 万人

● 40 〜 59 歳のパン派の人数

40 〜 59 歳の人数 ＝ 1 学年 175 万人 × 20 歳分 ＝ 3500 万人でした。

この年代は家庭を持つ人も多そう。パン派の割合 ＝ 50/100 と仮定して、
3500 万人 × 50/100
＝ 1750 万人

● 60 〜 79 歳のパン派の人数

60 〜 79 歳の人数 ＝ 1 学年 160 万人 × 20 歳分 ＝ 3200 万人でした。
この年代のパン派はかなり少ない印象なので 30/100 と仮定して、
3200 万人 × 30/100
＝ 960 万人

● 80 歳以上のパン派の人数

80 歳以上の人数 ＝ 1 学年 60 万人 × 20 歳分 ＝ 1200 万人でした。
この年代になると、パン派はほとんどいない印象です。
パン派の割合 ＝ 10/100 と仮定して、
1200 万人 × 10/100
＝ 120 万人

さあ、材料はそろいました！

❶ パン派の人数
　＝ 0 〜 19 歳のパン派の人数 ＋ 20 〜 39 歳のパン派の人
　数 ＋ 40 〜 59 歳のパン派の人数 ＋ 60 〜 79 歳のパン
　派の人数 ＋ 80 歳以上のパン派の人数
　＝ 1000 万人 ＋ 1300 万人 ＋ 1750 万人 ＋ 960 万人
　　＋ 120 万人
　＝ 5130 万人

今回の答え：5130 万人

☑ 手順 4：別の言葉の式に値を代入して計算しよう

次はざっくりしたこの式で解いてみましょう！

❸ パン派の人数
= 日本の人口 × パン派 の割合

日本の人口は 1.25 億人でした。パン派の割合は、朝食を食べない人も考えて パン派：ごはん派：パンもごはんも食べない派 ＝ 50：40：10 と仮定すると、**パン派の割合 ＝ 50/100** になります。

さあ、材料はそろいました！

❸ パン派の人数 ＝ 日本の人口 × パン派の割合
             ＝ 1.25 億人 × 50/100
             ＝ 6250 万人

今回の答え：6250 万人

よし！ ❶と近い数値になりました！ 人数の差は、❶で 60 歳以上のパン派の割合を少なくした影響でしょう。今回はこちらを採用しましょう。
今回のタカタ先生のフェルミ推定は、
パン派の人数 ＝ 5130 万人でファイナルアンサー！

☑ 手順5：実際の値と比較してみよう

調べてみると、朝食に関するアンケート調査が見つかりました！ 結果をざっくりまとめると、こんな感じです。
● **朝ごはんを食べる人は 80 ～ 90%**
● **パンを食べる人は 70.7%、ごはんを食べる人は 48.8%（複数回答）**

仕事のある日と仕事がない日で、朝食の有無やメニューが変わる人も多そう。パン派をもう少し厳密に定義する必要があったかもしれません。
手順4で推定した、パン派：ごはん派：パンもごはんも食べない派の割合は案外いい線だったかも……と考えていたら、パンはとっくに焼けていました！ バターを塗って、いただきます！

トレーニング❹
歯ブラシ

　朝食をすませたら、歯磨きタイム！　小さい頃は歯磨きをサボっちゃうことも多かったですが、今は家にいるときは毎食後欠かさず歯磨きをしています。歯磨き粉をブラシにつけて、歯磨きスタート！

　そして歯磨き中の時間を使って、今日4つ目のフェルミ推定！
　お題は「歯ブラシ」で作問してみましょう！

☑ 問題を作ろう

　歯ブラシっていろいろな種類がありますよね。
　毛の硬さ・素材・形状など、薬局に行けば、各社が工夫を凝らした歯ブラシが10種類以上は並んでいます。
　これらの歯ブラシはどれくらい売れているのでしょう？

　ということで、今回の問題は「歯ブラシの年間国内販売数は何本？」にします！

☑ 手順1：前提を定義しよう

まずは「歯ブラシ」を定義しましょう。

歯ブラシと聞いて真っ先に思い浮かぶのは、いわゆる普通の家庭用の歯ブラシですね。歯ブラシ売り場には他にも電動歯ブラシ、歯間ブラシなどの商品がありますが、今回はこれらは除外しましょう。

ということで、今回は**歯ブラシ ＝ 手動の歯ブラシ**と定義します。

☑ 手順2：言葉の式を作ろう

さて、歯ブラシの年間国内販売数を考えます。

歯ブラシを使う場面を考えると、家か家以外ですね。家用の歯ブラシはほとんどの人が持っていて、定期的に買い替えていると思います。

いっぽう、携帯用の歯ブラシを持ち歩く人はそれよりも少なく、あまり買い替えないイメージなので、今回は除外します。

また、ホテルなどの宿泊施設では、アメニティとして使い捨ての歯ブラシが置いてあります。基本的に1日で捨てるものなので、交換頻度がすごく高そう！

こちらは数に入れて、式を立ててみましょう。

> **歯ブラシの年間国内販売数**
> **＝ 家用の歯ブラシの年間国内販売数 ＋ 使い捨て歯ブラシの
> 　　年間国内販売数**

先に使い捨て歯ブラシの販売数を考えると、**宿泊施設を使う人 × 宿泊日数**で求められそうですね。

宿泊施設に泊まる人は、時節柄もあって人口の半分もいない気がします。**0.5億人**と仮定しましょう。その分、長期で泊まる人も増えた気がするので、**宿泊日数は4日**としてみます。

使い捨て歯ブラシの年間国内販売数
＝１年に宿泊施設を利用する人口 × 宿泊施設に泊まる年間日数
＝ 0.5 億人 × ４日
＝２億本

　さて次は、家用の歯ブラシの国内販売数を求める言葉の式を考えてみます。まずは歯ブラシを購入する人に注目して、

> ❶ 家用の歯ブラシの年間国内販売数
> 　＝ 日本の人口 × １年で買い替える回数

　歯ブラシを販売する店に注目すれば、こんな式も立てられますね。

> ❷ 家用の歯ブラシの年間国内販売数
> 　＝ 歯ブラシを置いているお店の数 × １日で売れる本数
> 　　× 365 日

　今回は、まず❶で推定して、その後❷で確認してみましょう！

☑ 手順３：言葉の式に値を代入して計算しよう

　それでは、まず❶の歯ブラシを購入する人に注目した式から解いていきましょう。

> ❶ 家用の歯ブラシの年間国内販売数
> 　＝ 日本の人口 × １年で買い替える回数

　日本の人口はわかっているので、１年で買い替える回数を考えます。個人差もありそうですが、だいたい１〜２カ月に１回でしょうか。
　間をとって、1.5 カ月に１回替えるとすると、12 カ月 ÷ 1.5 ＝ **年間 8 回替えている**とわかりますね。

家用の歯ブラシ
＝ 人口（1.25 億人）× 1 年で買い替える回数（8 回）
＝ 10 億本

さあ、材料はそろいました！

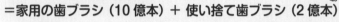

歯ブラシの年間国内販売数
＝家用の歯ブラシ（10 億本）＋ 使い捨て歯ブラシ（2 億本）
＝ 12 億本

今回の答え：12 億本

さて、今度は違う式で解いてみましょう！

☑ 手順 4：別の言葉の式に値を代入して計算しよう

次は歯ブラシを販売する店に注目した、この式ですね。

❷ 家用の歯ブラシの年間国内販売数
　 ＝ 歯ブラシを置いているお店の数 × 1 日で売れる本数
　　　 × 365 日

歯ブラシを置いているお店は、コンビニ・スーパー・ドラッグストアといったところでしょうか。LEVEL 6 でコンビニが 6 万店と知ったので、スーパーとドラッグストアを合わせてコンビニと同じ数あると仮定してみましょう。
歯ブラシを置いているお店の数 ＝ 12 万店と求められます。

1 日で売れる本数は見当がつきませんが……コンビニでは少なくて 3 本、ドラッグストアでは 15 本と仮定して、間をとって **9 本**としましょう。

❷家用の歯ブラシ
= 歯ブラシを置いているお店の数（12万店）× 1日で売れる本数（9本）
　× 365日 = 108万× 365日
計算しやすいように、108万 → 100万、365日 → 400日として、
≒ 100万 × 400日 = 4億本

さあ、材料はそろいました！

> **歯ブラシの年間国内販売数**
> = 家用の歯ブラシ（4億本）+ 使い捨て歯ブラシ（2億本）
> = 6億本

今回の答え：6億本

ああ～、数値に2倍の開きが出てしまいました。迷いますが、今回は自分の経験をもとに考えた分、❶の推定のほうが説得力がありそう。

今回のタカタ先生のフェルミ推定は、
歯ブラシの年間国内販売数 = 12億本でファイナルアンサー！

☑ 手順5：実際の値と比較してみよう

検索してみると、**歯ブラシは国内で年間2億9700万本しか販売されていない**そう。これに使い捨て歯ブラシもカウントされているかは不明ですが、どちらにしても、今回の推定はかなり現実とズレがあると言わざるを得ないですね。

僕は子どもの頃に虫歯が多かったので、その反省から今ではかなりマメに歯磨きをし、頻繁に歯ブラシを交換しています。
そのため、推定した本数が多くなりすぎた気がします。交換頻度をもう少し下げれば、より精度が上がりましたね。

9:45 トレーニング⑤ トイレットペーパー

今度は少し長めのトイレタイム。僕は昔からトイレに長居するクセがあります。温かい便座に座ってする読書や考えごとは至福の時間。最近はノートパソコンを膝に乗せて仕事することもあります。

今日はこの時間をフェルミ推定に充ててみようと思います。
お題は「トイレットペーパー」で作問してみましょう！

☑ 問題を作ろう

僕が子どもの頃はウォシュレットがなく、妙に潔癖なところがあったので、必要以上にトイレットペーパーを使って年に何度かトイレを詰まらせ、そのたびに親に怒られたものです。今はウォシュレットのおかげで、そんな事故も減ったかもしれませんね。

しかし、どんなにウォシュレットが普及してもいまだに使われ続けるトイレットペーパー。我々の生活には必需品になっています。日本人はトイレットペーパーをどれくらい使っているのでしょう？

ということで、今回の問題は「トイレットペーパーの年間国内使用量は何 km ？」にしてみましょう！

☑ 手順 1：前提を定義しよう

　まずは「トイレットペーパー」を定義しましょう。トイレで使える「水に流せる紙」は、最近だとポケットティッシュタイプや、箱ティッシュタイプもあるみたいですが、今回は除外。**トイレットペーパー = トイレに備え付けてあるロール状の紙**と定義します。

　ただし、トイレットペーパーにはシングルとダブルがありますね。

　今回は**ダブルのトイレットペーパーは 2 倍の長さ**（ダブルを 1 m 使用したら、シングル 2 m 分の使用）とカウントします。

☑ 手順 2：言葉の式を作ろう

　便座に座っていると考えごとがはかどるのか、今回はいろいろな式を思いつきました。まずはトイレットペーパーを使う場面から、

❶ トイレットペーパーの国内年間使用量
　= 日本の人口 × 男女の 1 日の使用量の平均 × 365 日

トイレットペーパーを交換する場面に着目した式もできます。

❷ トイレットペーパーの国内年間使用量
　= 日本の人口 × 1 ロールの長さ × 365 日 ÷ 1 人が 1 ロールを使い切るまでの時間

多くのトイレットペーパーは 12 ロール単位で売っているので、

❸ トイレットペーパーの国内年間使用量
　= 日本の人口 × 1 ロールの長さ × 12 ロール × 365 日
　÷ 1 人暮らしで 12 ロールを使い切る日数

最後はトイレットペーパーを販売しているお店に着目。

❹ トイレットペーパーの国内年間使用量
= お店の数 × 1日の販売ロール数 × 1ロールの長さ ×
365日

今回はまず❶で推定して、その後❷でさっと確認してみましょう！

☑ 手順3：言葉の式に値を代入して計算しよう

では、まず❶の式から。

❶ トイレットペーパーの国内年間使用量
= 日本の人口 × 男女の1日の使用量の平均 × 365日

男性の場合、使う場面は1日1回、1回につき1～1.5 mほどでしょうか。ダブルの場合は倍の2～3 mになるので、合計の幅は1～3 m。間をとって、男性の1日の使用量 = 2 mとしましょう。

女性の場合、1日で使う長さは男性の2倍と仮定して、女性の1日の使用量 = 4 mとします。

男女の1日の使用量の平均 = 3 mになりました。

さあ、材料はそろいました！

❶ トイレットペーパーの国内年間使用量
= 日本の人口（1.25億人）× 男女の1日の使用量の平均
（3 m）× 365日 = 1.25億人 × 1095 m
≒ 人口（1.25億人）× 1 km ← 計算しやすくするため 1095 m → 1 kmとする
= 1.25億 km

今回の答え：1.25億 km

☑ 手順４：別の言葉の式に値を代入して計算しよう

次はトイレットペーパーを交換する場面に着目してみましょう！

❷ トイレットペーパーの国内年間使用量
　＝ 日本の人口 × １ロールの長さ × 365 日 ÷ １人が
　　１ロールを使い切るまでの時間

さて、１ロールの長さはどれくらいでしょうか？

昔はテレビのバラエティでトイレットペーパー早巻き対決をやっていました。うろ覚えの記憶ですが、トイレットペーパーを片手で１回引くと 0.5 m、100 回引いたら全部なくなるとして、１ロールの長さ ＝ 0.5 m × 100 回 ＝ 50 m としましょう。

１人が１ロールを使い切るまでの時間は、経験上 (⁉) 5 〜 10 日。間をとって 7.5 日とします。

さあ、材料はそろいました！

❷ トイレットペーパーの国内年間使用量
　＝日本の人口 (1.25 億人) × １ロールの長さ (50 m) ×
　　365 日 ÷１人が１ロールを使い切るまでの時間 (7.5 日)
　＝ 1.25 億人 × 50 m × 365 日 ÷ 7.5 日
　　　↓×2　　　　　↓km に変換　　　↓×2
　＝ 2.5 億人 × 0.05 km × 365 日 ÷ 15 日
　≒ 2.5 億 × 0.05 × 360 ÷ 15 ← 計算しやすくするため
　＝ 2.5 億 × 0.05 × 24　　　　365 日→ 360 日とする
　　　↓×2　　↓×2　↓÷4　　2 と 2 を掛け、その積の 4 で
　＝ 5 億 × 0.1 × 6 ← 割る。同じ数を掛ける＆割る
　＝ 3 億 km　　　　　　計算術の応用！

今回の答え：3 億 km

213

なんと❶の２倍以上の数値に！　今回はどちらも説得力のある値を入れられたと思ったのですが、なぜこんなに差が出てしまったのでしょうか。

ただ、❷の１ロールの長さはうろ覚えの記憶を頼りに求めたので、今回は❶の推定のほうが説得力がある気がします。

今回のタカタ先生のフェルミ推定は、**トイレットペーパーの国内年間使用量 = 1.25 億 km** でファイナルアンサー！

☑ 手順５：実際の値と比較してみよう

調べてみると、シングルのトイレットペーパーの長さは１ロール60 m、日本人１人当たり年間91ロールを使っているという情報をゲットしました。この数値を当てはめて、もう一度解いてみましょう！

日本人１人当たり年間使用量は、60 m × 91ロールで = 5460 m。計算しやすいように ≒ 5.4 km とすると、

トイレットペーパーの国内年間使用量
= 人口（1.25 億人）× 日本人１人当たり年間使用量（5.4 km）
= 1.25 億 × 5.4 km
　　↓×4　　　　↓÷4
= 5 億　×　1.35 km
= 6.75 億 km

そんなに多いの!?　日本人１人当たり年間91ロールということは、使用量は４日に１ロール（60 m）、１日に15 mになります。いくらなんでも使いすぎじゃない!?　僕がケチな性分で、トイレットペーパーの使用量を少なく見積もってしまったとしても、解せませんし、水に流せません！

……なんて考えていたら、便座に長居しすぎて足がしびれてきた！　僕はトイレットペーパー50 cmでお尻を拭き、トイレを出ました。

10:00 トレーニング❻ テレビ

　午前中の時間を使って、洗濯と掃除をすることにしました。

　家事の間は耳が寂しいので、BGM 代わりになにか流すことにしています。今日はテレビにしよう！

　電源を入れ、リモコンでチャンネルをザッピング。さて、お題の「テレビ」を観ながら本日 6 つ目のフェルミ推定といきましょう！

☑ 問題を作ろう

　僕は根っからのテレビっ子で、小・中・高・大学とテレビ漬けの日々を過ごしました。実家暮らしの頃は、食卓のテレビのチャンネル権を争って、よく兄弟喧嘩をしたものですが、最近では若者のテレビ離れが進んでいるなんて話を耳にします。

　1 人暮らしの若者は、家にテレビがない人も多そう。今、テレビってどれくらい売れているのでしょう？

　ということで、今回は「テレビの年間販売台数は何台？」をフェルミ推定してみましょう！

☑ 手順１：前提を定義しよう

それでは、「テレビ」を定義しましょう。

テレビは、地上波デジタル放送のテレビ番組を映し出す機械として販売されていますが、スマホやタブレット端末、パソコンでもテレビ番組を観る方法はあるようです。

ただ今回は、これらは除外しましょう。また、中古のテレビの購入も除外して、**テレビ ＝ 新品の地上波デジタル放送を映す専用の機械**と定義することにします。

☑ 手順２：言葉の式を作ろう

まずは世帯に注目すると、こんな式ができました。

❶ テレビの年間販売台数
　＝（１人世帯の数×テレビを持っている割合 ＋ ２人以上
　　世帯の数 × テレビを持っている割合 ＋ お店に置いて
　　あるテレビの台数）÷テレビの寿命

次に販売店に注目してみます。

❷ テレビの年間販売台数
　＝ テレビを売っているお店の数 × １週間に売れる台数 ×
　　52 週

買う場面を想像すると、テレビは壊れたから買い替えるというよりも、なにかの節目で購入する印象があるため、そのタイミングを考えてこんな式も立ててみました。

> ❸ テレビの年間販売台数
>   ＝１人暮らしを始めた人数 × 購入する割合＋新婚生活を
>   始めた組数 × 購入する割合 ＋ 子どもが生まれた家族数
>   × 購入する割合 ＋ オープンしたお店で購入する台数

今回はまず❶で推定して、その後に着眼点が異なる❸で推定して確認してみましょう！

☑ 手順３：言葉の式に値を代入して計算しよう

それではまず❶の式から！

> ❶ テレビの年間販売台数
>   ＝（１人世帯の数×テレビを持っている割合 ＋ ２人以上
>   世帯の数 × テレビを持っている割合 ＋ お店に置いて
>   あるテレビの台数）÷テレビの寿命

66ページで、１人世帯（単身世帯）の数 ＝ 2000万世帯と学びましたね。
若者のテレビ離れが進んでいると聞きますし、**１人世帯でテレビを持っている割合 ＝ 1/2** としましょう。

２人以上の世帯の数＝ 3500万世帯でした。２人暮らしなら一家に１台な気がしますが、子どもがいる場合や大家族などは一家に複数台あることもありそう。

今回は、**２人以上世帯でテレビを持っている割合 ＝ ２**（一家に平均２台ある）としましょう。

さて、お店に置いてあるテレビを考えると、宿泊施設には1部屋に1台テレビがありますし、街の居酒屋や食堂にも置いてありますね。

新幹線の駅の数＝100だったので、駅前に宿泊施設があるJRの駅＝500くらいと仮定します。1つの駅に宿泊できる部屋が1000部屋あったとしても60万台。居酒屋や食堂に置いてあるテレビを含めても、家にあるテレビに比べたら少なそうなので、誤差の範囲になりそう。

ということで、今回は**お店にある台数は除外**します。

最後に、テレビの寿命について。

自分の経験を思い返すと、僕は大学進学で1人暮らしを始めたときに買ったテレビを10年間使い続けました。まだまだ壊れる様子はなかったのですが、地上デジタル放送へ移行するタイミングで、しかたなく新しいテレビを買った記憶があります。

寿命だけを考えれば、10年以上は余裕で使える気がします。10～20年の間をとって、今回は**テレビの寿命＝15年**としましょう。

さあ、材料はそろいました！

❶ **テレビの年間販売台数**
　＝（1人世帯の数 × テレビを持っている割合
　　　＋2人以上世帯の数 × テレビを持っている割合
　　　＋ お店に置いてあるテレビの台数）÷テレビの寿命
　＝（2000万 × 1/2 ＋ 3500万 × 2 ＋ 0（除外））÷ 15
　＝ 8000万÷15
　≒ 530万台

今回の答え：530万台

そんなに遠くない印象ですが、確証には欠けますね。
次の式で確認してみましょう！

☑ 手順４：別の言葉の式に値を代入して計算しよう

次は❸の式です。

> ❸ テレビの年間販売台数
> ＝１人暮らしを始めた人数 × 購入する割合 ＋ 新婚生活
> を始めた組数 × 購入する割合 ＋ 子どもが生まれた家
> 族数 × 購入する割合 ＋ オープンしたお店で購入する
> 台数

場合分けをして考えてみましょう！

● １人暮らしを始めた人数

進学や就職のタイミングの人が多そうです。

実家暮らしの人もいると思うので、合わせて１学年の人数 ＝ 100 万人
くらいでしょうか。

若い人がほとんどだと思うので、購入する割合 ＝ 1/2 と仮定します。

● 新婚生活を始めた組数

年間結婚組数は LEVEL 10 で学びましたね！　50 万組です。

購入する割合は多そうなので、100％ ＝ 1 と仮定します。

● 子どもが生まれた家族数

これは生まれた子どもの数から考えてみましょう。

LEVEL 2 で学んだ知識から、１学年の人数 ＝ 100 万人としましょう。

幼児向け番組のお世話になる人も多そうなので、こちらも購入する割合
＝ 1 と仮定します。

オープンしたお店で購入する台数は、❶の考え方と同じく誤差の範疇に
なりそうなので、今回は除外します。

さあ、材料はそろいました！

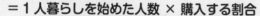

❸ テレビの年間販売台数
　＝ 1 人暮らしを始めた人数 × 購入する割合
　　＋ 新婚生活を始めた組数 × 購入する割合
　　＋ 子どもが生まれた家族数 × 購入する割合
　　＋ オープンしたお店で購入する台数
　＝ 100 万 × 1/2 ＋ 50 万 × 1 ＋ 100 万 × 1 ＋ 0（除外）
　＝ 200 万台

今回の答え：200 万台

　おっと、今度は❶の半分以下の数値になってしまいました。
　今回は世帯ごとに細かく考えた❸のほうが説得力が高い気がします。地デジ対応のときに買い替えが一通りすんだ家庭は、しばらく買い替えしない気がするので、テレビの寿命を加味した❶の推定はあまり説得力がないと考えて、今回は❸を採用することにしましょう。

　今回のタカタ先生のフェルミ推定は、
テレビの年間販売台数 ＝ 200 万台でファイナルアンサー！！！

☑ 手順 5：実際の値と比較してみよう

　検索してみると、薄型テレビの国内出荷台数は 2021 年時点で 538 万7 千台とのこと。❶のほうが精度の高い推定でしたね。残念！　テレビ離れが進んだとは言いながら、年間 500 万台以上のテレビが売れ続けているんですね。ちなみに**テレビの普及率は単身世帯で 87.5％、2 人以上世帯で95.7％**でした。最近ではテレビに**動画サイトや配信サイトなど**も映し出せるようになったので、高画質のモニターとして購入する人も増えていそう……なんてことを考えていたら、家事がまったく進んでいないことに気づいたので、分析はそこそこに洗濯と掃除を始めることにしました。

トレーニング❼
ゴミ

　洗濯機を回している間に、お掃除タイム！　ゴミ捨て用の 45L ゴミ袋を用意し、部屋の各所からゴミを集めていきます。もちろん、ペットボトルやビンや缶や資源などの分別も忘れずに！

　分別をしながら、お題は「ゴミ」で今日 7 つ目のフェルミ推定！

☑ 問題を作ろう

　燃えるゴミの日は、1 人暮らしでもなんだかんだで毎回 45L のゴミ袋がパンパンになります。大家族ともなると、両手に大量のゴミ袋を抱えてゴミ捨て場に向かうのも日常茶飯事でしょう。

　自分も含め、どんだけゴミ出すんだよ！　とツッコミたくなります……ということで、問題は「日本のゴミの年間総重量は何トン？」。フェルミ推定してみましょう！

ちょっと疲れてきていませんか？　でも、少しずつ定義や言葉の式を作れるようになってきているはず！　フェルミ推定マスターに近づいていますよ！

☑ 手順1：前提を定義しよう

まずは「ゴミ」を定義！　不要物であるゴミは、家庭から出るものと、企業が出すものがありますが、今回は家庭から出るゴミに限定しましょう。

ゴミの種類はいろいろありますが、今回はなんでもオッケーとします。

ということで、**ゴミ ＝ 家庭から出たゴミ**と定義します。

☑ 手順2：言葉の式を作ろう

まずはゴミを出す個人に注目すると、こんな式ができます。

❶ 日本のゴミの年間総重量
　　＝ 日本の人口 ×（1人が1週間に出すゴミの重さ × 52週 ＋ 1年で出る粗大ゴミの重さ）

世帯に注目すると、こんな式も。

❷ 日本のゴミの年間総重量
　　＝ 1人世帯の数 ×（1週間に出すゴミの重さ × 52週 ＋ 1年で出る粗大ゴミの重さ）＋ 2人以上世帯の数×（1週間のゴミの重さ × 52週 ＋ 1年で出る粗大ゴミの重さ）

ゴミを処理してくれる焼却場に注目すると、

❸ 日本のゴミの年間総重量
　　＝ゴミ焼却場の数 × 1日で燃やせる重さ × 365日 × ゴミ全体 / 燃えるゴミ

こんな感じでしょうか。

今回は、まず王道の❶で推定して、遊び心であえて❸の式で推定し、確認してみましょう！

☑ 手順3：言葉の式に値を代入して計算しよう

それでは、個人に注目した❶の式から解いてみましょう。

> ❶ 日本のゴミの年間総重量
> ＝ 日本の人口 × （1 人が 1 週間に出すゴミの重さ × 52
> 週 ＋ 1 年で出る粗大ゴミの重さ）

まずはゴミの日に注目すると、ゴミが多そうな燃えるゴミの日は週 2 日、資源ゴミの日は週 1 日という地域が多数派な気がします。

1 人で出すゴミの重さは毎回 1 kg として、**1 週間のゴミの重さ ＝ 3 kg** と仮定しましょう。

粗大ゴミの重さは個人差が大きそう。平均で 1 年に 2 回、5kg のゴミを出すと仮定し、**1 年で出る粗大ゴミの重さ ＝ 10 kg** とします。

さあ、材料はそろいました！

>
> ❶ 日本のゴミの年間総重量
> ＝ 日本の人口 × （1 人が 1 週間に出すゴミの重さ
> 　　　 × 52 週 ＋ 1 年で出る粗大ゴミの重さ）
> ＝ 1.25 億人 × （3kg × 52 週 ＋ 10kg）
> ≒ 1.25 億人 × （3kg × 50 週 ＋ 10kg）
> ＝ 1.25 億 × 160
> 　　　 ↓×8　　 ↓÷8
> ＝ 10 億　 ×　 20
> ＝ 200 億 kg
> ＝ 2000 万トン

> 計算しやすくするため
> 52 週 → 50 週とする

今回の答え：2000 万トン

☑ 手順4：別の言葉の式に値を代入して計算しよう

次はゴミ焼却場に注目した、この式で解きます！

❸ 日本のゴミの年間総重量
　＝ゴミ焼却場の数 × 1日で燃やせる重さ × 365日 × ゴミ全体 / 燃えるゴミ

ゴミ焼却場の数は各都道府県に10箇所はありそう。10箇所 × 47都道府県＝470箇所。計算しやすいよう **500箇所** とします。

続いて1日で燃やせる重さを推定してみましょう。
1つの焼却場で収集車が100台、収集車1台につき2トンのゴミを集め、それをすべて燃やせると仮定すると、1日で燃やせる重さ ＝ 100台 × 2トン ＝ **200トン** になりますね。

ゴミ全体：燃えるゴミ ＝ 3：2とすると、
ゴミ全体 / 燃えるゴミ ＝ 3/2 になります。

さあ、材料はそろいました！

❸ 日本のゴミの年間総重量
　＝ ゴミ焼却場の数（500箇所）× 1日で燃やせる重さ
　　（200トン）× 365日 × ゴミ全体 / 燃えるゴミ（3/2）
　＝ 500 × 200 × 365 × 3/2
　≒ 500 × 200 × 360 × 3/2 　◁— 計算しやすくするため
　　　　　　　　　　　　　　　　　365日 → 360日とする
　＝ 10万 × 540
　＝ 5400万トン

今回の答え：5400万トン

う〜ん、❶の2倍以上の重さになってしまいました。さすがに❶の推定のほうが説得力がありそうなので、❶を採用しましょう。

今回のタカタ先生のフェルミ推定は、
日本のゴミの年間総重量 ＝ 2000万トンでファイナルアンサー！

☑ 手順5：実際の値と比較してみよう

検索してみると、日本全国の家庭から出たゴミの年間総重量は、**2020年でいうと1165万トン**とのこと。①よりも少ない……と思いきや、家庭から出るゴミを含めたその他の一般廃棄物は約4,167万トン、企業から出る産業廃棄物は3億7,382万トン！ なんと**産業廃棄物の方が圧倒的に多い**んですね。

ゴミ焼却場について調べてみると、**国内に1056箇所、1日の焼却量は17万トンくらい、収集車は1000袋（2トン）が収集可能**とのことでした。そして、ゴミ焼却にかかる年間費用はなんと**2兆円**！
2兆円 ÷ 人口（1億人）＝ 2万円なので、年間2万円払ってゴミを処理していただいていると考えると感謝の気持ちしかないですね。そのうえで、1人1人が意識を高めて、もっとゴミを減らし、資源になるものはちゃんと分別して資源にすることを徹底していきたいですね！

そんなことまで気づかせてくれるフェルミ推定ってすごい！ フェルミ推定は地球を救う！ フェルミ推定バンザーイ！……と喜んでいると、ピピピピ！ ピピピピ！
洗濯終了のアラームが鳴ったので、洗濯機のほうへ向かいました。

トレーニング❽
ハンガー

今日はよく晴れて洗濯日和（びより）！

洗濯機から取り出した洗濯物をベランダに干していきましょう。パンツや靴下やタオルはたくさんの洗濯バサミがついたピンチハンガーに干して、シャツやズボンはハンガーにかけて干していく。シャツのシワを伸ばすのも忘れずに！

そして、脳のシワを増やすために、フェルミ推定も忘れずに！

ここで今日8つ目のフェルミ推定です。お題は「ハンガー」で作問してみましょう！

☑ 問題を作ろう

ハンガーって捨てることは滅多にないのに、スーツやワイシャツをクリーニングに出すと、もれなくついてきますよね。そのため、我が家のハンガーは毎年微増している気がします。

いったい、ハンガーって世の中に何本あるんだ？

ということで問題は、「日本にあるハンガーの数は何本？」でフェルミ推定してみましょう！

☑ 手順1：前提を定義しよう

　それでは、「ハンガー」を定義しましょう。

　靴下やパンツを干す用の、洗濯バサミが大量についたやつは「ピンチハンガー」や「角ハンガー」、「物干しハンガー」と呼ぶらしいですが、今回は除外します。素材は木・針金・プラスチックなどありますが、これはオールオッケー。スーツ用の肩の部分がごついものもオッケーとしましょう。

　さらに、家にあるハンガー、お店にあるハンガーはどちらもオッケー。使用中・未使用品についても、どちらも含みましょう。

　ハンガー ＝ あの形状の洋服を掛ける道具と定義します！

☑ 手順2：言葉の式を作ろう

　今回求めるのは日本にあるハンガーの数なので、まずは次の式を考えました。

日本にあるハンガーの数
＝ 家にあるハンガーの数＋お店にあるハンガーの数

　ハンガーのあるお店は、洋服店とクリーニング店が多そうですね。それぞれ10万店、5万店と仮定すると、

お店にあるハンガーの数
＝洋服店の数×ハンガーの数＋クリーニング店の数×ハンガーの数
＝ 10万店 × 500本 ＋ 5万店 × 1000本
＝ **1億本**

と求められました。

　でも、日本の人口が1.2億人なので、家にあるハンガーに比べて圧倒的に少なそう。今回は除外してもよさそうです。

　ということで、家にあるハンガーの数を表す言葉の式を考えます！

まずは個人に注目すると、次の式が立てられます。

❶ 家にあるハンガーの数
＝ 人口 × 1 人分のハンガーの数

次は世帯に注目すると、

❷ 家にあるハンガーの数
＝ 1 人世帯の数 × ハンガーの数 ＋ 2 人以上世帯の数 ×
ハンガーの数

そして、用途に注目するとこんな式も。

❸ 家にあるハンガーの数
＝ 人口 ×（タンスにしまう用のハンガーの数 ＋ 洗濯で
干す用のハンガーの数 ＋ 予備のハンガーの数）

今回は、まず❸で推定して、その後❷でさっと確認しましょう！

☑ 手順3：言葉の式に値を代入して計算しよう

まずは家にあるハンガーの用途で考える式ですね。

❸ 家にあるハンガーの数
＝ 人口 ×（タンスにしまう用のハンガーの数 ＋ 洗濯で
干す用のハンガーの数 ＋ 予備のハンガーの数）

　洋服ダンスやクローゼットにしまう衣類といえば、スーツ・制服・礼服・コート・ジャケットやドレスなどでしょうか。

　これらに必要なハンガーの数は個人差がありますが、最小限なら各1本で5本、多くて15本と考え、間をとって**10本**としましょう。

洗濯で干す用のハンガーと予備のハンガーは、それぞれ5本ずつ持っていると仮定してみます。

さあ、材料はそろいました！

❸ 家にあるハンガーの数
　＝ 人口 ×（タンスにしまう用のハンガーの数 ＋ 洗濯で干す用のハンガーの数 ＋ 予備のハンガーの数）
　＝ 1.25 億人 ×（10 本 ＋ 5 本 ＋ 5 本）
　＝ 1.25 億 × 20
　＝ 25 億本

今回の答え：25 億本

数字にするとすごい数ですね！
他の式でも求めてみましょう。

☑ 手順4：別の言葉の式に値を代入して計算しよう

次は世帯に着目したこの式！

❷ 家にあるハンガーの数
　＝ 1 人世帯の数 × ハンガーの数 ＋ 2 人以上世帯の数 × ハンガーの数

これまで得た知識から、**1 人世帯の数 ＝ 2000 万世帯**。
家にあるハンガーの数は 10 〜 20 本くらいでしょうか。間をとって **15 本**とします。

2 人以上世帯の数 ＝ 3500 万世帯でした。

世帯人数にもよりますが、ハンガーは 20 ～ 60 本くらいありそう。間の **40 本**とします。

さあ、材料はそろいました！

❷ 家にあるハンガーの数
　＝ 1 人世帯の数 × ハンガーの数 ＋ 2 人以上世帯の数 × ハンガーの数
　＝ 2000 万世帯 × 15 本 ＋ 3500 万世帯 × 40 本
　＝ 3 億本 ＋ 14 億本
　＝ 17 億本

うん！　❸とほぼ同じ値になりました。

1 人分のハンガーの数が同じくらいですし、そんなに大きく外れていることはないでしょう。今回はより説得力がありそうな❸を採用することにします。

今回のタカタ先生のフェルミ推定は、**日本にあるハンガーの数 ≒ 家にあるハンガーの数 ＝ 25 億本**でファイナルアンサー！

☑ 手順 5：実際の値と比較してみよう

日本にあるハンガーの数は、検索しても見つかりませんでした。

ただ、**1 人分のハンガーの適正本数は 10 本**という記事を見つけたので、まずまずの精度になっているはずです。

さて、洗濯と掃除が終わって、時計の針は 11 時。

今日は天気がよいので、軽い運動もかねて近所を散歩しながら、外でランチを食べることにします。

11:00 トレーニング⑨ マンホール

　家を出て、近所にある大きな公園まで散歩することにしました。

　そういえば小学生の頃は、毎日の登下校を楽しくするためにさまざまなルールを自らに課していたっけ。白線の上だけを歩いて帰るとか、電柱を通過するタイミングで前歩きと後ろ歩きを切り替えるとか、家に着くまでに何個マンホールを踏めるか数えるとか……今日はフェルミ推定を自らに課すとしましょう。

　今日9つ目のフェルミ推定、お題は「マンホール」！

☑ 問題を作ろう

　フェルミ推定の定番問題の1つに、PART 2のLEVEL 5で扱った「日本にある電柱の数は？」があります。実は、それと同じくらい定番なのがマンホールの数の推定です。

　ここで一度基礎に立ち返って、定番問題を攻略しましょう！

　ということで、今回の問題は「日本にあるマンホールの数は何個？」にします！

☑ 手順 1：前提を定義しよう

ではまず、「マンホール」を定義しましょう。一番よく見るのが、アスファルト道路の真ん中にある、直径 50cm くらいで丸型の鉄製の蓋ですよね。他にも長方形や小さい丸型のものも見たことがありますが、割合としては少ないと思うので除外してもよさそうです。

マンホール ＝ 直径 50cm くらいの丸型の鉄蓋と定義します。

☑ 手順 2：言葉の式を作ろう

最初は単位面積に注目して、

❶ 日本にあるマンホールの数
　＝ 日本の平地面積 × 1 km² 当たりのマンホールの個数

次は道路に注目して、

❷ 日本にあるマンホールの数
　＝ 日本の道路の長さ × 1 km 当たりのマンホールの個数

さらに、PART 2 で扱った電柱と比べてみると、

❸ 日本にあるマンホールの数
　＝ 日本の電柱の本数 × マンホール / 電柱

また、建物と比べることもできますね。

❹ 日本にあるマンホールの数
　＝ 日本の建物の数 × マンホール / 建物

今回は王道の❶で推定、その後❸でさっと確認してみましょう！

☑ 手順3：言葉の式に値を代入して計算しよう

それでは、まずは面積を用いた❶の式から。

❶ 日本にあるマンホールの数
　= 日本の平地面積 × 1 km² 当たりのマンホールの個数

日本の平地面積= 10 万 km² でした。電柱と同じように、100 m × 100 m の正方形の中にマンホールは 4 個と仮定すると、1 km × 1 km の正方形の中にあるマンホールは 4 個 × 100 倍で 400 個になります。

さあ、材料はそろいました！

❶ 日本にあるマンホールの数
　= 平地面積（10 万 km²）× 1 km² 当たりの
　マンホールの個数（400 個）= 4000 万個

今回の答え：4000 万個

☑ 手順4：別の言葉の式に値を代入して計算しよう

次は PART 2 で扱った電柱を使ってみます。
今度は❸の式です。

❸ 日本にあるマンホールの数
　= 日本の電柱の本数 × マンホール / 電柱

電柱の本数 = 3600 万本でした。電柱と比べるとマンホールのほうが少なそう。電柱 4 本くらいの面積に、マンホールが 1 つくらいの割合でしょうか。

電柱 4 本に対してマンホール 1 個と考えると、

マンホール：電柱 = 1：4

→ **マンホール / 電柱 = 1/4**

さあ、材料はそろいました！

❸ **日本にあるマンホールの数**
  = 日本の電柱の本数 × マンホール / 電柱
  = 3600 万 × 1/4
  = 900 万個

今回の答え：900 万個

おっと！　なんと❶の 1/4 以下の数値になりました。今回は❸の推定のほうが説得力がありそう。100 m × 100 m の正方形の中にマンホールは 4 個というのは住宅地の場合で、実際はもっと少なそうです。

ということで今回のタカタ先生のフェルミ推定は、**日本にあるマンホールの数 = 900 万個**でファイナルアンサー！

☑ 手順 5：実際の値と比較してみよう

検索してみると、マンホールの設置数は 1500 万基とのことでした。意外と多い！　そしてマンホールの単位は「基」なんですね。ちょっとかっこいい！

これまで学習した知識とセットで覚えておくとよさそうです。

例：●一軒家の数 = 3000 万軒
　　●電柱の数 = 3600 万本
　　●マンホールの数 = 1500 万基

11:15 トレーニング⑩ 公園

　精度の高い推定に満足して歩いていたら、近所の大きな公園に到着！

　真ん中に大きな池があって、ランニング＆サイクリングコースもあって、公園内にカフェやお食事処やお弁当屋さんもある、近所で一番大きい公園です。

　お腹も空いてきたし、今日のランチは公園内のお食事処でいただこう。席について注文し、料理が届くまでの時間を使って……「公園」をお題に、フェルミ推定といきましょう！

☑ 問題を作ろう

　子どもの頃は近所の公園に行って遊びまわったし、小学校の遠足で学区外の大きな公園に行ったときは、「世の中にはこんなに大きな公園があるんだ〜！」と驚いたなあ。

　でも、その公園より大きな公園は国内にたくさんあるし、逆に、遊具が一切ない小さな公園を見たこともある。全国の至るところに、大小さまざまな公園がありますよね。

　ということで問題は、「日本にある公園の数はいくつ？」にします！

☑ 手順1：前提を定義しよう

では、まず公園を定義しましょう。「〇〇公園」と名前がついている場所は、文句なく公園ですね。遊具がなくたって、公園と呼んでよいでしょう。

逆に、遊具がたくさん置いてある、小学校や幼稚園の校庭はどうでしょう？　これは公園とはいえない気がします。

ということで、**公園 =「〇〇公園」と名前がついている場所**と定義します。

☑ 手順2：言葉の式を作ろう

ではまず、王道の面積に注目して式を立ててみます。

**❶ 日本にある公園の数
　= 日本の平地面積 × 1 km² 当たりの公園の数**

世帯に注目すると、こんな式も。

**❷ 日本にある公園の数
　= 日本人の世帯数 ÷ 1つの公園を利用する世帯数**

公園をよく利用するのは子どもなので、小学校に注目して、

**❸ 日本にある公園の数
　= 日本の小学校の数 × 1つの学区内にある公園の数**

さらに、公園でよく見るベビーカーに乗る赤ちゃんに注目すると、こんな式ができました！

❹ 日本にある公園の数
　 ＝ ベビーカーに乗っている赤ちゃんの数×公園をよく利用
　　 する赤ちゃんの割合 ÷ １つの公園を利用する赤ちゃん
　　 の数

　今回は、まず❶で推定して、その後❸で確認、遊び心で❹でも推定して
みましょう！

☑ 手順３：言葉の式に値を代入して計算しよう

ではまず、面積に注目してみます。

❶ 日本にある公園の数
　 ＝ 日本の平地面積 × １km² にある公園の数

日本の平地面積＝ 10 万 km² でしたね。
　団地で育った僕の子どもの頃の記憶だと、300 m くらい歩くと別の公園
があった気がします。ということは、１km² の中にある公園の数 ＝９箇所？
でも、団地の周りは公園が多そうなので、１〜９の間をとって **１km² の中
にある公園の数 ＝５箇所** としましょう。

　さあ、材料はそろいました！

❶ 日本にある公園の数
　 ＝ 日本の平地面積（10 万 km²）× １km² にある
　　 公園の数（５箇所）
　 ＝ 50 万箇所

今回の答え：50 万箇所

さあ、次の式でも推定してみましょう！

237

☑ 手順4：別の言葉の式に値を代入して計算しよう

次は小学校に注目した式ですね。

❸ 日本にある公園の数
= 小学校の数 × 1つの学区内にある公園の数

小学校の数 = 2万校でした。1つの学区内にある公園の数 = 3 ～ 15 くらいと考えて、間をとって9箇所と仮定します。

さあ、材料はそろいました！

❸ 日本にある公園の数
= 小学校の数（2万校）
× 1つの学区内にある公園の数（9箇所）
= 18万箇所

今回の答え：18万箇所

う～ん、❶の半分以下の値になりました。でも、❶よりこっちのほうが説得力がありそう。赤ちゃんに着目した式も解いて確認しましょう。

❹ 日本にある公園の数
= ベビーカーに乗っている赤ちゃんの数 × 公園をよく利
用する赤ちゃんの割合 ÷ 1つの公園を利用する赤ちゃ
んの数

PART 2のLEVEL 2の知識から、1学年の人数 = 100万人。ベビーカーに乗る期間は2年間とすると、ベビーカーに乗っている赤ちゃんの数 = 100万人 × 2学年分 = **200万人**になりますね。

　「公園デビュー」という言葉もあるくらいですし、公園をよく利用する赤ちゃんの割合は少なくなさそう。割合は **3/4** としましょう。

　１つの公園を利用する赤ちゃんの数は、だいたい３〜 12 人くらい見かける気がします。今回は間をとって 7.5 人とします。

　さあ、材料はそろいました！

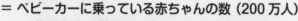

> ❹ 日本にある公園の数
> 　＝ ベビーカーに乗っている赤ちゃんの数（200 万人）
> 　　　× 公園をよく利用する赤ちゃんの割合（3/4）
> 　　　÷ １つの公園を利用する赤ちゃんの数（7.5 人）
> 　＝ 150 万 ÷ 7.5
> 　＝ 20 万箇所

今回の答え：20 万箇所

　おっ！　❸と近い値になりました！
　では今回は、❸の推定のほうを採用することにしましょう。
　今回のタカタ先生のフェルミ推定は、
日本にある公園の数 ＝ 18 万箇所でファイナルアンサー！

> 　別の言葉の式を作って比べることが大切です。言葉の式を作る→別の言葉の式を作る→比較検討する、をくり返してみてください。推定する力が養われて、ある日、フェルミ推定マスターに近づいたことを実感できるはずです！

☑ 手順5：実際の値と比較してみよう

　検索してみると、日本にある公園の数は2022年時点で**13万8698箇所**でした。あまり悪くない精度だったといえるでしょう。**❶**に違和感を覚えて**❸❹**の推定に切り替えた自分をほめてあげたい！

　そんなことを考えていたら、注文した日替わりランチがテーブルに運ばれてきました。
　頭をたくさん使ったせいか、お腹ペコペコ！　いただきま～す！

> ちなみに世界一大きな公園はグリーンランドにあって、面積はなんと約100万 km^2！　日本列島の3倍の大きさです！　そして日本一小さな公園の面積は5 m × 5 mで、公園名はなんと「日本一小さな公園」だそう。いや、そのままかい！

公園内のお食事処でランチをすませ、ベンチで読書＆昼寝。そのあと池の周りを軽くジョギングして、そのまま家まで走って帰りました。家に着く頃には汗だくに！

お風呂に入ろう！　ということで、お湯を溜めている間、お題は「お風呂」で今日11個目のフェルミ推定！

☑ 問題を作ろう

日本人はお風呂文化がありますが、僕は無類のお風呂好き。子どもの頃に親から「早くお風呂に入りなさい！」と怒られた人は多いと思いますが、僕の場合あまりに長風呂で「早くお風呂から出なさい！」と怒られていました。

それくらいお風呂が大好きな僕ですが、いったいお風呂でどれくらいの水を使っているのでしょう？

ということで、問題は「日本人がお風呂で使う水の年間総量は何L？」とします！

☑ 手順1：前提を定義しよう

ここでは「お風呂で使う水」を定義します。湯船の水はもちろん、今回はシャワーで使う水もカウントしましょう。

お風呂で使う水 = 湯船の水 & シャワーで使う水と定義します。

☑ 手順2：言葉の式を作ろう

お風呂を使う人に着目すると、次の式が立てられます。

❶ 日本人がお風呂で使う水の年間総量
= 日本の人口 × 1人がお風呂で1日に使う水の量 × 365日

続いて世帯に注目すると、こんな式に。

❷ 日本人がお風呂で使う水の年間総量
= 1人世帯の数 × 1週間で使う水 × 52週 + 2人以上世帯の数 × 1週間で使う水の量 × 52週

今回は、まず❷で推定して、その後❶でぱっと推定して確認してみましょう！

言葉の式を自然に作れるようになったら、フェルミ推定マスターになれる日も近い!?

☑ 手順3：言葉の式に値を代入して計算しよう

それでは❷の式から解いていきます！

> ❷ 日本人がお風呂で使う水の年間総量
> ＝１人世帯の数 × １週間で使う水の量 × 52週
> ＋２人以上世帯の数 × １週間で使う水の量 × 52週

まずはお風呂で使う水量（湯船 ＋ シャワー）を考えましょう。

湯船に溜めるお湯の量はたぶん 100 cm × 80 cm × 40 cm くらい。計算すると 320000 cm^3 なので、320 L。このあと計算しやすいよう **300 L** とします。

対して、シャワー１回の水は、ざっくり **50 L** と仮定します。

まず、１人世帯の場合です。

１人世帯の数 ＝ 2000 万世帯。

１人世帯が１週間で使う水の量 ＝ だいたい湯船３杯 ＋ シャワー７回と仮定してみましょう。

300 L × 3回 ＋ 50 L × 7回
＝ 900 L ＋ 350 L
＝ **1250 L**

次に２人以上世帯の場合です。

２人以上世帯の数 ＝ 3500 万世帯でした。

同様に、２人以上世帯が１週間で使う水の量 ＝ 湯船６杯 ＋ シャワー 20 回と仮定してみます。

300 L × 6回 ＋ 50 L × 20
＝ 1800 L ＋ 1000 L
＝ **2800 L**

さあ、材料はそろいました！

❷ 日本人がお風呂で使う水の年間総量
　＝ 1 人世帯の数（2000 万世帯）× 1 週間で使う水の量
　　（1250 L）× 52 週 ＋ 2 人以上世帯の数（3500 万世帯）
　　× 1 週間で使う水の量（2800 L）× 52 週
　＝ 250 億 × 52 ＋ 980 億 × 52
　≒ 250 億 × 50 ＋ 980 億 × 50 ← 計算しやすくするため 52 週 → 50 週とする
　＝ 1230 億 × 50 ← 同じ数をまとめる
　≒ 1200 億 × 50
　＝ 6 兆 L ← 計算しやすくするため 1230 → 1200 とする

今回の答え：6 兆 L

☑ 手順 4：別の言葉の式に値を代入して計算しよう

次は人口に着目したこの式でしたね。

❶ 日本人がお風呂で使う水の年間総量
　＝ 日本の人口 × 1 人がお風呂で 1 日に使う水の量 ×
　　365 日

1 人がお風呂で 1 日に使う水の量を考えます。
　世帯数によっても違いそうなので、今回は 50 ～ 300 L。間をとって
160 L としましょう。

さあ、材料はそろいました！

❶ 日本人がお風呂で使う水の年間総量
　= 日本の人口（1.25 億人）× 1 人がお風呂で 1 日に使う
　　水の量（160 L）× 365 日
　= 1.25 億 × 160 × 365
　　　↓×8　　↓÷8
　= 10 億　× 20 × 365
　= 7.3 兆 L

今回の答え：7.3 兆 L

　おお！　ほぼ同じ値！　今回は細かく考えた❷を採用しましょう。
　今回のタカタ先生のフェルミ推定は、**日本人がお風呂で使う水の年間総量＝ 6 兆 L** でファイナルアンサー！

☑ 手順 5：実際の値と比較してみよう

　検索してみると、**家庭で 1 人が 1 日に使う水の量は平均 219 L** で、そのうちお風呂に使われる量は約 40% だそう。
　1 人が 1 日にお風呂に使う水 = 88 L を❶の式に入れてみます。

日本人がお風呂で使う水の年間総量
= 日本の人口（1.25 億人）× 1 人が 1 日に使う水の量（88 L）× 365 日
= 1.25 億 × 88 × 365
　　↓×8　　↓÷8
= 10 億　× 11 × 365
≒ 4 兆 L

　思ったよりも少ない‼　推定値が少し大きかったのは、僕がお風呂好きで、お風呂に使う水量を多めに見積もったからかもしれない……あっ、湯船があふれそう！　ゆっくりお湯につかって疲れを癒やすとしましょう。

20:00 トレーニング⑫ スイッチ

お湯につかっていたら、気がつくと2時間。二度寝と入浴は、僕の中で2大至福タイム。ということは、お布団を湯船に入れて二度寝すると、理論上一番幸せな時間に……って、そんなわけない！

少しのぼせてきたのでお風呂から出て、夕飯を兼ねた晩酌、読書の続きをしていたら眠くなってきた。明日は朝から仕事だし、今日は早めに寝よう。歯を磨いて、部屋の電気のスイッチをオフ。

布団に入ったら、今日最後のフェルミ推定！

お題は「スイッチ」で作問してみましょう！

☑ 問題を作ろう

1日に何度もつけたり消したりする電気のスイッチ。昔は紐を引っ張るタイプもありましたが、最近は見かける機会が減っている気がします。逆にリモコンで操作するタイプは増えているかも。

ただ、やはり一番多いのは、部屋の壁にある電気のスイッチですね。

ということで、「日本にある電気のスイッチの数は？」でフェルミ推定をしてみましょう。

☑ 手順1：前提を定義しよう

「スイッチ」を定義しましょう。「電源のスイッチ」だとさまざまな電化製品のスイッチも含むので、今回は部屋の入口の壁についている、部屋の電気（明かり）をつけたり消したりするもの限定としましょう。「電気のスイッチ」＝ 部屋の電気（明かり）のスイッチと定義します。

☑ 手順2：言葉の式を作ろう

世帯に注目すると、

> ❶ 日本にある電気のスイッチの数
> ＝ 1人世帯の数 × スイッチの数 ＋ 2人以上世帯の数 × スイッチの数 ＋ 事業所の数 × スイッチの数

建物に注目すると、

> ❷ 日本にある電気のスイッチの数
> ＝ 一軒家の数 × スイッチの数 ＋ 一軒家以外の住宅の数 × スイッチの数 ＋ 住宅以外の建物の数 × スイッチの数

面積に注目すると、

> ❸ 日本にある電気のスイッチの数
> ＝ 住宅地の面積 × 1 km² 当たりのスイッチの数

こんなところでしょうか。

今回はまず❶で推定して、その後❷で確認、最後に遊び心で❸でも推定してみましょう。

☑ 手順 3 ：言葉の式に値を代入して計算しよう

それでは、まず世帯に注目した❶の式から！

> ### ❶ 日本にある電気のスイッチの数
> ### ＝ 1 人世帯の数 × スイッチの数 ＋ 2 人以上世帯の数 ×
> ### スイッチの数 ＋ 事業所の数 × スイッチの数

1 人世帯の数 ＝ 2000 万世帯でしたね。1 人世帯のスイッチの数は、少なくても玄関・ユニットバス・リビングと 3 箇所はありそう。ここにキッチン・クローク・寝室・廊下などがあったとして、多くて 9。

今回は間をとって、**6** としましょう。

2 人以上世帯の数 ＝ 3500 万世帯でした。2 人以上世帯のスイッチの数は、少なくても玄関・バス・トイレ・リビング・キッチンの 5 つはありそうです。ここにクローク・洗面台・脱衣所・寝室・個室・階段・廊下などがあったとして、多くて 20 でしょうか。

こちらは 5 〜 20 の間をとって、**12** としましょう。

PART 3 の LEVEL 12 で、事業所の数 ＝ 600 万箇所という知識も手に入れていました！

スイッチの数は、大きな部屋もありそうなので 2 〜 10 くらい。間をとって 6 とします。建物の共有スペースもあるでしょうから、事業所のスイッチの数 ＝ 6 ＋ 1 ＝ **7** としましょう。

自分の家を想像して、
スイッチの数を考えて
みましょう。

さあ、材料はそろいました！

❶ 日本にある電気のスイッチの数
　＝ 1人世帯の数（2000万世帯）× スイッチの数（6）＋
　　 2人以上世帯の数（3500万世帯）× スイッチの数
　　（12）＋ 事業所の数（600万）× スイッチの数（7）
　＝ 1.2億 ＋ 4.2億 ＋ 0.42億
　＝ 5.82億
　≒ 6億

今回の答え：6億

☑ 手順4：別の言葉の式に値を代入して計算しよう

次の式もサクサク解いていきましょう！　今度は建物に注目。

❷ 日本にある電気のスイッチの数
　＝ 一軒家の数 × スイッチの数 ＋ 一軒家以外の住宅の数
　　 × スイッチの数 ＋ 住宅以外の建物の数 × スイッチ
　　 の数

一軒家の数 ＝ 3000万軒でした。スイッチの数は10よりは多そうなので、12としましょう。

いっぽう、一軒家以外の住宅の数 ＝ 200万棟でしたね。スイッチは平均して1部屋5個 × 9部屋 ＋ 共有スペース5個と仮定し、50とします。

また、住宅以外の建物の数 ＝ 500万棟でした。スイッチは1部屋5つ × 5部屋 ＋ 共有スペース5個と考えて、30とします。

さあ、材料はそろいました！

❷ 日本にある電気のスイッチの数
  = 一軒家の数（3000万軒）× スイッチの数（12）+
    一軒家以外の住宅の数（200万棟）× スイッチの数
    （50）+ 住宅以外の建物の数（500万棟）× スイッチ
    の数（30）
  = 3.6億 + 1億 + 1.5億
  = 6.1億
  ≒ 6億

今回の答え：6億

おお、❶とぴったり同じ！　これは気持ちいい！
　今回のタカタ先生の答えは6億で決まりでしょうが、せっかくなのでもう1つ推定しましょう。

最後は面積に注目した❸の式。

❸ 日本にある電気のスイッチの数
  = 住宅地の面積 × 1 km² 当たりのスイッチの数

PART 2のLEVEL 5で調べた、**住宅地の面積 = 2万 km²** を使います。
　100 m × 100 m に一軒家が20軒あり、1軒のスイッチ数は15と仮定してみましょう。
　すると合計300。1 km × 1 km だと、その100倍で3万になるので、**1 km² 当たりのスイッチの数 = 3万** としましょう。

さあ、材料はそろいました！

❸ 日本にある電気のスイッチの数
　＝ 住宅地の面積（2万km²）
　　　×1km²当たりのスイッチの数（3万）
　≒6億

今回の答え：6億

❶❷とぴったり同じ！　最高の気分です‼

❸は遊び心で推定したものの、かなり説得力がある気がします。今回は❸を採用しましょう！

今回のタカタ先生のフェルミ推定は、
日本にある電気のスイッチの数 ＝6億でファイナルアンサー！！！

☑ 手順5：実際の値と比較してみよう

日本にある電気のスイッチの数は検索しても見つかりませんでした。残念！　ただ、桁がズレるほどの大きなミスはないと思います。

❸で使った、住宅地の面積 ＝2万km²は他のテーマのフェルミ推定でも使えそうですね！

最後の最後で今日一番の推定ができて、興奮で目が冴えてきました。明日は朝から仕事なので、脳味噌のスイッチを切って、ぐっすり寝ようと思います。

おやすみなさい。

お わ り に

　数学教師芸人タカタ先生による、世界一楽しいフェルミ推定本はいかがでしたか？　ここまで読んだあなたは「フェルミ推定」のとりこになっているに違いありません！

　さて、この本では「フェルミ推定」の WHAT & WHY & HOW を、これでもかと語ってきました。ここまで読んでくれた皆さん、本当にありがとうございました。そんな皆さんに、最後に 1 つだけお願いがあります！

　本を読んだだけで満足せず、必ず作問 & 推定 & 確認の 3 点セットで、「フェルミ推定」に TRY してください！
　作問することで、世の中のさまざまなことに意識が向けられるようになります。
　推定することで、世の中のさまざまなことに興味関心がわいてきます。
　確認することで、世の中のさまざまなことの解像度が上がります。

　フェルミ推定に TRY することで、世の中の理解がちょっと深まるのです！　こんなに楽しい自分磨きはなかなかありません！
　そう！　「フェルミ推定」は「世界一楽しい自分磨き」なのです！
　この本の読者が、フェルミ推定で自らを磨き続け、なりたい自分に少しでも近づくことを願ってやみません。

　フェルミ推定で自分磨きを START したあなたはきっと、
Ⓢ 最初は
Ⓣ 大変だけど
Ⓐ 諦めなければ
Ⓡ 楽にできるようになって、そして
Ⓣ テングになる！
　いや、テングになるんかい！

テングになったら成長は止まります！

決してテングにはならず、自らを磨き続けてください！

T テングになる のをなくせば、

START → STAR、あなたはスターになれるのです！

それでは最後のフェルミ推定の問題です！

「2050 年までに、この本の読者でスターは何人現れる？」

数学教師芸人　タカタ先生

○　○　○　○　○　○　○　○　○　○　○　○　○　○　○　○　○　○

【データ出典】Patrick S, et al. *The abundance, biomass, and distribution of ants on Earth.* Proc Natl Acad Sci U S A, 2022. (P.17)、総務省「人口推計」(P.36)、「日本の統計 2023」(P.55)、「平成 30 年住宅・土地統計調査」(P.78)、「経済センサス」(P.102)、「労働力調査」(P.147)、文部科学省「令和 3 年度学校基本調査」(P.55)、「令和 2 年国勢調査」(P.64 〜 66)、「令和 4 年度学校基本調査」(P.147)、厚生労働省「賃金構造基本統計調査」(P.125)、「人口動態調査」(P.136)、「自動車運転者の労働時間等の改善のための基準（改善基準告示）」(P.125)、「衛生行政報告例」(P.147)、「平成 29 年度生活衛生関係営業経営実態調査」(P.147)、国土交通省 Web サイト (P.78、P.245)、都市公園データベース (P.240)、一般社団法人ペットフード協会「2021 年全国犬猫飼育実態調査」(P.64 〜 66)、PEDGE「ペット産業の動向〜市場規模、競争環境、主要プレイヤー」(https://pedge.jp/reports/outline/) (P.64)、関西大学プレスリリース「■ 宮本勝浩 関西大学名誉教授が推定 ■　2022 年コロナ禍のネコノミクスは約 1 兆 9,690 億円」(https://www.kansai-u.ac.jp/ja/assets/pdf/about/pr/press_release/2021/No56.pdf) (P.64)、一般社団法人国土技術研究センター Web サイト (P.71)、一般社団法人日本フランチャイズチェーン協会「コンビニエンスストア統計データ」(P.91)、公益財団法人日本卓球協会 Web サイト (P.102)、NTT タウンページ株式会社「2022 年結婚式場都道府県別登録件数ランキング」(P.136)、結婚総合意識調査 2020（リクルートブライダル総研調べ）(P.136)、全国理美容製造者協会 (NBBA) サロンユーザー調査 (P.147)、一般社団法人ビジネス機械・情報システム産業協会「事務機械の会員企業出荷実績」(P.158)、NHK 首都圏ナビ「"ちょい二度寝" で目覚めスッキリ !? コルチゾールの分泌がカギ」(https://www.nhk.or.jp/shutoken/ohayo/20220422c.html) (P.194)、一般社団法人日本ミネラルウォーター協会 Web サイト (P.199)、マイボイスコム「朝食に関するアンケート調査（第 9 回）」(P.204)、電子情報技術産業協会「民生用電子機器国内出荷統計」(P.214)、内閣府「消費動向調査」(P.220)、環境省 Web サイト (P.225)、一般社団法人日本グラウンドマンホール工業会 Web サイト (P.234)

覚えておきたいデータ一覧

LEVEL 1 で手に入れた知識

● 人口数 1 位 〜 10 位の都道府県の平均人口 ＝ 7250 万人
● 人口数 11 位 〜 16 位の都道府県の平均人口 ＝ 1500 万人
● 人口数 17 位 〜 37 位の都道府県の平均人口 ＝ 3000 万人
● 人口数 38 位 〜 47 位の都道府県の平均人口 ＝ 750 万人
● 日本の人口 ＝ 1.25 億人

LEVEL 2 で手に入れた知識

● 0 〜 19 歳の人口 ＝ 1 学年 100 万人 × 20 年 ＝ 2000 万人
● 20 〜 39 歳の人口 ＝ 1 学年 130 万人 × 20 年 ＝ 2600 万人
● 40 〜 59 歳の人口 ＝ 1 学年 175 万人 × 20 年 ＝ 3500 万人
● 60 〜 79 歳の人口 ＝ 1 学年 160 万人 × 20 年 ＝ 3200 万人
● 80 歳以上の人口 ＝ 1 学年 60 万人 × 20 年 ＝ 1200 万人

LEVEL 3 で手に入れた知識

● 日本の小学生の数 ＝ 1 学年約 100 万人
● 小学校の数 ＝ 約 2 万校　　● 中学校の数 ＝ 約 1 万校
● 高校の数 ＝ 約 5 千校

LEVEL 4 で手に入れた知識

● 単身世帯数 ＝ 2000 万世帯
● 2 人以上世帯数 ＝ 3500 万世帯

LEVEL 5 で手に入れた知識

● 一軒家の数 ＝ 3000 万軒
● 一軒家以外の住宅の数 ＝ 約 200 万棟
● 住宅以外の建物 ＝ 約 500 万棟　　● 住宅地の面積 ＝ 2 万 km²
● 日本の面積 ＝ 40 万 km²　　● 日本の山地 ＝ 30 万 km²
● 日本の平地 ＝ 10 万 km²　　● 日本の道路 ＝ 100 万 km